紫背天葵
栽培及利用

张少平　邱珊莲◎ 编著

 中国农业科学技术出版社

图书在版编目（CIP）数据

紫背天葵栽培及利用／张少平，邱珊莲编著 . —北京：中国农业科学技术
出版社，2020.8

ISBN 978-7-5116-4913-3

Ⅰ.①紫… Ⅱ.①张…②邱… Ⅲ.①天葵-蔬菜园艺 Ⅳ.①S636.9

中国版本图书馆 CIP 数据核字（2020）第 144682 号

资助项目

福建省农业科学院创新团队项目（STIT2017-2-11）

福建省农业科学院青年创新团队项目（STIT2017-3-4）

责任编辑　李冠桥
责任校对　李向荣

出 版 者　中国农业科学技术出版社
　　　　　北京市中关村南大街 12 号　邮编：100081
电　　话　(010)82109705(编辑室)　　(010)82109702(发行部)
　　　　　(010)82109709(读者服务部)
传　　真　(010)82106625
网　　址　http://www.castp.cn
经 销 者　各地新华书店
印 刷 者　北京建宏印刷有限公司
开　　本　710mm×1 000mm　1/16
印　　张　8.75
字　　数　157 千字
版　　次　2020 年 8 月第 1 版　2020 年 8 月第 1 次印刷
定　　价　45.00 元

《紫背天葵栽培及利用》
编著人员名单

主 编 著：张少平　邱珊莲

副主编著：张　帅

编 著 者：张少平　邱珊莲　郑开斌　张　帅

　　　　　洪佳敏　林宝妹　李海明　黄惠明

　　　　　吴水金　李跃森　吴妙鸿

前　言

　　紫背天葵（*Cynura bicolor* DC.）又称红凤菜及观音菜等，属菊科（Compositae）三七草属（*Gynura*）多年生宿根草本植物。紫背天葵富含黄酮类化合物、维生素 A 原以及铁、铜、锌和酶化剂锰等元素，具有提高人体免疫力及增强记忆等作用；紫背天葵叶背面紫红色，且富含花青素，花青素对人体具有特殊保健功效，同时使植物呈现出红、橙、黄、蓝等颜色，因此，紫背天葵既是理想的观叶植物，又是天然食用色素的重要来源。近年来，紫背天葵在园艺、保健及医药等方面备受关注。目前，紫背天葵在人工栽培、营养保健成分分析、产品研发以及相关分子生物学等方面都有较为详细的研究报道。紫背天葵由于含有特殊气味而影响其作为大宗蔬菜大面积推广栽培，然而，随着人们生活水平的普遍提高以及健康意识增强，紫背天葵作为特色蔬菜及功能食品添加剂开发将具有广阔的前景。

　　作者根据多年来从事紫背天葵资源收集、繁殖栽培、成分提取、功效利用以及相关分子生物学等研究，同时在总结前人经验与成果的基础上，全面概述了紫背天葵原产地及分布、紫背天葵的生物学特性以及紫背天葵的营养价值、药用价值、观赏价值和加工利用；重点介绍了紫背天葵的繁殖与栽培、不同栽培方式对紫背天葵生长的影响、不同光质对紫背天葵生长的影响、光环境及 CO_2 浓度对紫背天葵生长的影响；系统阐述了紫背天葵采后保鲜技术和紫背天葵花青素相关基因转录组测序分析；同时，详细说明了紫背天葵采收贮存因素、红色素提取、特菜炒食和相关产品开发等。本书编写的目的在于普及推广紫背天葵作为鲜食保健蔬菜和功能产品添加剂的相关知识，帮助广大紫背天葵种植户、紫背天葵相关产品加工商以及专业技术人员和相关科研人员解决一些实际问题，为进一步提高紫背天葵的栽培水平和加工技术提供理论和实践指导。

　　本书由福建省农业科学院亚热带农业研究所亚热带作物品质研究室的科研工作者根据多年的科研成果，结合大量生产实践和系统研究编写而成。全书由张少平、郑开斌和邱珊莲拟定撰写纲目并负责统稿和出版，其中张少平负责全书的撰写工作，张帅协助完成了本书第八章的部分撰写任务，洪佳敏、林宝妹、李海明、黄惠明、吴水金和李跃森等团队成员为本书的出版也做了一定工作。本书撰写过程中，广泛参考了国内专家和学者的学术论文，同时汲取了种植户及生产加工企业的生产经验，内容较为丰富，理论部分也通俗易懂，相关研究进展及时跟进，既可供研究者学习参考，也可供广大种植户和普通群众使用，能帮助广大读者深入了解紫背天葵种植生产、贮存加工以及相关分子生物学研究内容。本书可供广大功能植物生产加工专业户和科技工作者使用，也可供农业院校师生学习参考。

本书的出版得到了福建省农业科学院创新团队、福建省农业科学院青年创新团队及省公益类等项目资助，在此表示谢意。

由于编写时间较为仓促，加之作者水平有限，书中有疏漏之处，敬请专家、同仁和读者批评指正。

编著者

2020 年 6 月

目　　录

第一章 绪 论

第一节 紫背天葵特征特性

紫背天葵同名异物植物有三种，除本书介绍的菊科紫背天葵外，还有一种较为常见的秋海棠科秋海棠属无茎草本植物紫背天葵（学名：*Begonia fimbristipula* Hance），也称天葵秋海棠、散血子、龙虎叶等。另外还有一种毛茛科天葵属多年生小草本植物［学名：*Semiaquilegia adoxoides*（DC.）Makino］，也称为天葵、雷丸草、夏无踪、小乌头、老鼠屎草、旱铜钱草等。该三种同名异物紫背天葵归类为不同科属，且其外部特征特性差异明显。而这三种紫背天葵皆具有特殊药理功效，因此，有人容易混淆，尤其把秋海棠科紫背天葵混淆为菊科紫背天葵。

有报道，部分菊科（主要为千里光属、狗舌草属、橐吾属及泽兰属）植物含有双稠吡咯啶生物碱，又称吡咯里西啶生物碱。该成分有致癌、致突变和致畸胎的毒性，以及抗菌、解痉和抗肿瘤活性。本书介绍紫色紫背天葵也为菊科（三七草属）植物，由于富含花青素，具有抗菌和抗肿瘤等活性。因此，菊科紫背天葵曾被讹传为具有致癌风险。本书作者通过比色法、质谱法以及液相色谱法等多种方法对菊科紫背天葵进行吡咯里西啶生物碱测定，均未检测到该成分，因此，菊科紫背天葵不含吡咯里西啶生物碱，也没有致癌风险。相反，菊科紫背天葵在马来西亚以及中国南方部分地区有作为半驯化特菜栽培传统，其叶片富含花青素，具有抗癌及美容保健等多种功效。菊科紫背天葵由于含有特殊气味而影响其作为大宗蔬菜大面积推广栽培，但由于其富含花青素，且具有多种保健功效。随着人们生活水平的普遍提高以及健康意识增强，菊科紫背天葵作为特色蔬菜及功能食品添加剂开发将具有广阔的前景。下面，本书就将对菊科紫背天葵展开详细介绍。

一、紫背天葵原产地及分布

紫背天葵（*Gynura bicolor* D. C）属于菊科（Compositae）三七草属（*Gy-*

nura）多年生宿根草本植物，别名紫背菜、红（凤）菜（台湾）、两色三七草（《海南植物志》）、双色三七草、红背菜、红皮菜、补血菜、木耳菜、血皮菜、观音菜等。紫背天葵叶片正面绿色，被微毛，背面红紫色，无毛。紫背天葵原产于中国、日本及马来西亚等东亚及东南亚等地区，主要分布在我国的福建、台湾、广东、浙江、江西、广西、江苏、湖南、湖北等地。紫背天葵性喜温暖湿润，耐高温多雨，抗逆性强，适应性较广，耐阴、耐旱、耐热、耐贫瘠，但不耐寒，10℃以下生长不良，遇霜冻凋萎；南方表现为常绿，可以露地生产；北方只有在无霜期才能进行露地栽培。紫背天葵的叶片表面富含叶绿素而呈绿色或墨绿色，而其叶片背部，因富含次生代谢产物花青素而呈现紫色或紫红色，故鲜亮的紫色是紫背天葵的特征之一。

二、紫背天葵生物学特性

紫背天葵是宿根多年生草本植物，全株肉质，根粗壮，侧根多，再生能力强，耐旱、耐热、耐阴、耐粗放管理。其形态特征和生物学特性为：茎直立，高45~60cm，分枝性强，节部带有紫红色；嫩茎有稍许微毛，茎上不定芽随着新叶的开展而逐渐萌发成新枝，分枝与所在的茎约呈45°伸张；叶互生，在茎上为5片叶序排列，节间长2~5cm不等，节间易生不定根，易于扦插繁殖；叶宽披针形或卵形，长15~18cm，宽3~5cm，厚0.1cm，先端尖锐，叶缘锯齿状，齿端紫色有微刺感，心叶有微毛感，叶面深绿色，幼叶叶背紫色，较老叶叶背浓艳匀称更有光泽；晚秋至冬春季开花，而栽培中很少见花；花梗高出叶丛顶端，头状花序，花黄色，为筒状两性花，瘦果，圆矩形种子。紫背天葵喜温暖湿润的气候，当气温低于10℃时停止生长。如遇霜冻地上部分死亡，而靠肉质根在土壤中越冬。生长最适温度25~30℃。紫背天葵耐阴，在树荫或房屋前后隙地和背阴的地坎边均生长良好，是一种非常容易栽培的野菜。

第二节　紫背天葵的开发利用

紫背天葵是一种很好的集营养保健价值与特殊风味于一身的高档蔬菜，其食用部分为嫩茎叶，食用方法多样，可凉拌、做汤、做陷，也可素炒，柔嫩滑爽，稍带土腥味，风味别具一格。紫背天葵富含多种纤维素和微量元素、花青素、氨基酸、黄酮苷和挥发油等。紫背天葵除具有极高的营养价值外，还具有很好的药用价值和医疗保健作用，是药食同源的特色蔬菜。紫背天葵富含的"第七类营养素"膳食纤维，对营养摄入不平衡而导致发病率同趋上升的高血压、高血脂和高血糖等影响人类健康的所谓"富贵病"有良好的预防和保健效果。

将紫背天葵作为原料添加到传统食品或饮料中，如泡酒、泡水做成药酒或保健茶饮用，具有消暑、散热、润肺的功效，不仅可以增强记忆力，而且可以增强抵抗力，缓解肾、胆等方面的老年疾病。结合现代食品加工新技术、新工艺、新设备将紫背天葵压榨取汁，制成蔬菜汁，生产紫背天葵保健（饮）品，增强原有保健品本身的强身健体作用。紫背天葵所特有的天然活性成分和药理功能受到医学、生物学以及食品科研工作者的广泛关注。其中，紫背天葵功能性成分的提取、药用价值尤其是总黄酮的提取及其对心血管疾病的预防与治疗作用、花青素提取与抗氧化和衰老及免疫功能调节作用等方面的研究逐渐成为热点。长期以来，由于紫背天葵的生产和消费范围较窄，具有分散性、季节性、区域性强的特点，市场价格高，栽培开发也很难形成规模，目前仅是充当蔬菜市场的特色品种在特定时间段作为调剂性蔬菜。近年来，随着栽培育种技术的迅速发展，我国的蔬菜产业持续发展，紫背天葵的种植规模在不断扩大，产量在逐年增加。

一、紫背天葵的营养价值

蔬菜是人们生活必不可缺少的食物，这是因为蔬菜中含有多种营养元素，是无机盐和维生素的主要来源，尤其是在膳食中缺少牛奶和水果时，蔬菜就显得格外重要。蔬菜一般可分为叶菜类、根茎类、瓜茄类、鲜豆类等四大类。叶菜类蔬菜，特别是深色、绿色蔬菜，营养价值最高。主要含有维生素和胡萝卜素，并含有较多的叶酸及胆碱，无机盐的含量较丰富，尤其是铁和镁的含量较高。叶菜类蔬菜有绿叶蔬菜和紫叶蔬菜，紫叶蔬菜较绿色蔬菜含有特殊功效的花青素或类胡萝卜素。

紫背天葵叶背面紫色、正面绿色，除含有叶绿素外还富含花青素。紫背天葵作为蔬菜食用，其做法多样，一般取其顶部 10cm 左右嫩梢，可素炒或荤炒，也可凉拌及做汤等。紫背天葵风味特别，口感较滑略有土腥味，富含黄酮苷以及铁、锰、铜等微量元素，是一种很好的药膳同用高档蔬菜。据研究测定，紫背天葵每 100g 叶片中含水分 92.79g、粗蛋白质 2.11g、粗脂肪 0.18g、粗纤维 0.94g、维生素 A 0.56mg、维生素 B_1 0.01mg、维生素 B_2 0.13mg、维生素 C 0.78mg、铁 1.61mg、钙 89.66mg、钾 136.41mg、磷 18.73mg、烟酸 0.59mg。鲜品紫背天葵嫩茎梢的维生素 C 以及黄酮苷等含量更高。同时指出，每 100g 紫背天葵干物质中含铁 20.97mg、钙 1.4～3.0g、锌 2.60～7.22mg、磷 0.17～0.39g、铜 1.34～2.52mg 以及锰 0.47～14.87mg。因此，紫背天葵的营养成分比一般蔬菜更高，紫背天葵中丰富的矿物质元素及人体必需的微量元素铁、锌、锰、硅、铜、镍及硼等对人体具有很高的营养价值。同时，维生素含量的高低直接影响着人体各项身体机能运转和身体健康。

二、紫背天葵的药用保健功效

人们日常饮食中必不可少的就是蔬菜了，荤素搭配更有助于人体摄取各种维生素、纤维素。而且多吃蔬菜可以促进胃肠蠕动，减少便秘的现象，因为蔬菜中的植物纤维可以帮助肠胃清除肠道垃圾。所有的新鲜蔬菜中都含有维生素 C，尤其是绿叶蔬菜中含量更高。多吃绿叶蔬菜，每天补充足够的维生素 C，可以预防感冒，增强机体对各种疾病的抵抗力。偏食不吃蔬菜的人若缺乏维生素 C，会出现牙龈肿胀出血、牙齿松动、血管脆弱、皮下出血等问题。带有红色和橙色的蔬菜一般都含有比较丰富的维生素 A。多吃这类蔬菜可以增强抗病能力，防止患夜盲症，尤其是胡萝卜含有丰富的胡萝卜素。蔬菜中所含的钙、镁、钾、钠等矿物质，不仅能够促进人体骨骼、牙齿、神经的健康发育，而且它们能使蔬菜成为碱性食物，可以中和蛋白质、脂肪产生的酸性，调节人们体内的酸碱平衡。纤维素虽然不能被人体消化，但是能够帮助肠道蠕动，有助于消化。同时能够刺激新陈代谢，有助于减肥，可以降低胆固醇，防止高血压和冠心病。在蔬菜与保健中，抗癌功效一直是各国科学家研究的热点。美国生物学家发现，多吃花椰菜的人患肠癌、肺癌的风险会小得多；而英国科学家则证实了西兰花的抗癌功效。番茄预防前列腺癌、乳腺癌。研究人员指出，番茄中的番茄红素能促进一些具有防癌、抗癌作用的细胞因子的分泌，激活淋巴细胞对癌细胞的杀伤作用。同时，研究表明，摄入适量的番茄红素还可降低前列腺癌、乳腺癌等癌症的发病率，对胃癌、肺癌也有预防作用。红薯预防结肠癌、乳腺癌。科学家发现红薯中含有一种化学物质叫氢表雄酮，可以用于预防结肠癌和乳腺癌。

紫背天葵富含各种营养成分和无机元素、维生素等，不但是美味的食用蔬菜，同样也属于药膳植物，可入药，是一种很好的营养保健蔬菜。紫背天葵的食疗保健作用主要有以下 5 个方面。

1. 提高机体免疫力和治疗某些疾病

大量的研究资料表明：锌、锰、维生素 E 和黄酮类物质等成分具有增强机体免疫力的作用。铁和铜等对治疗一些血液病（如营养型贫血）有很好的疗效。

2. 生理活性物质有清除自由基和抵抗衰老的作用

人体内清除自由基的防御体系主要有两套：一是酶防御体系，如超氧化物歧化酶、过氧化物酶等；二是非酶防御体系，如维生素 C、维生素 E、维生素 A、黄酮类物质等。紫背天葵含有维生素 C，而铁、铜、镁等微量元素又是上述酶的辅基，因此，必然会进行抗氧化和清除自由基的作用，从而达到延缓衰老的目的。

3. 具有凉血止血的作用

紫背天葵在进入人体以后可以起到凉血的作用，让人们因血热而出现的多种不适消失，再就是对于体内出血的症状也有很好的缓解作用，在生活中紫背天葵也可以当作外伤药物使用，把它捣碎后直接涂在伤口处就能快速止血。

4. 具有理气止痛的功效

对于女性的痛经和气血不通引起的肚子痛都有很好的消除作用，另外这种紫背天葵中还有大量的维生素 C，可以起到抗菌消炎的作用，对女性的盆腔炎和生活中常见的胃炎和肠炎等病症都有治疗功效。

5. 具有预防紫癜出现的作用

紫背天葵富含的黄酮苷可以延长维生素 C 的作用效果，减少血管紫癜，故我国南方一些地区更是把紫背天葵作为一种补血的良药，是产后妇女食用的主要蔬菜之一。另外经常食用这种菜品还可以提高自身的抗病毒、抗寄生虫的能力，让人们的身体更加健康。

三、紫背天葵的观赏价值

紫背天葵叶片富含花青素，花青素受光照、温度及不同 pH 值等的影响，使植物呈现出红、橙、黄、蓝、紫等丰富的颜色。同时，紫背天葵生长适应性强，可盆栽、基质培养及水培等不同栽培模式。因此，紫背天葵丰富的颜色加上不同栽培模式，使其具有很高的观赏价值。

紫背天葵是既可食用又可观赏，一般适合于家庭的庭院和阳台绿化和美化。紫背天葵不同品种所含花青素数量和种类不同，可选择叶色艳丽、形态优雅、观赏性强且周期长的品种，进行盆栽及基质培养。盆的选择以胶盆为佳，并且带有底碟，防止淋水时渗出影响环境及观赏效果，盆栽宜采用基质栽培，尽量少用或不用泥土，以减轻盆的重量、易于运输为原则，基质可选用煤球渣、锯末、菇泥、蔗渣、椰糠、中药渣等，为增加基质面的美观，可采用陶瓷土、珍珠岩、海藻等覆盖。但基质栽培对于紫背天葵植株的自然固定有一定的困难，可以采用插竹或扎架支撑，支架宜采用与植株相同的颜色，以不影响观赏效果，也可将紫背天葵植株用小的筛孔盆放泥土种，再放在盆中用基质填充。紫背天葵在室内一般选择春秋两季扦插，周年均可作为食用蔬菜和观叶植物栽培。紫背天葵施肥以氮肥为主，在定植后的7~10d，用尿素水溶液淋施，随着植株的生长，每隔15d一次，轻施薄施，进入叶片生长旺盛期，开始用复合肥水溶液淋施，15d左右定期采摘整形。观赏栽培紫背天葵主要病害有病毒病、根腐病、叶斑病和炭疽病。应以预防为主，对扦插苗、土壤等进行消毒，根除病源。病发初期，对病毒病可用植病灵水剂500倍液防治，对炭疽病等真菌性病害可用75%甲基托布津可湿性粉剂600倍液防治。紫背天葵虫害以蚜虫和斜纹夜蛾为主，可用烟蒂浸出液蘸扫防治。观赏栽培紫背天葵浇水应2~3d一次，浇水到有水渗出为止。紫背天葵观赏期与观赏蔬菜的商品生长期一致，这时需肥量较大。很多家庭或办公室都有肥料，将香烟熄烧后的灰垢用来追肥，长效、安全。大多数的办公室，白天都是冷气开放，晚上又是门窗关闭，如果紫背天葵长期都在这样的环境下，对生长有较大影响，最好的方法是下班后将其移到室外，如有条件放在露台更佳；家庭观赏的，晚上睡前放在阳台，白天再放回室内。

四、紫背天葵的加工利用

采收后的紫背天葵仍是活的有机体，在贮藏期间继续进行着各种复杂的生命活动，其中最重要的是呼吸作用。随着呼吸作用的进行，紫背天葵中含有的糖、淀粉和酸等有机物质因被氧化成为二氧化碳和水而不断消耗。同时，紫背天葵中含有大量的水分和各种营养物质，是微生物生长发育和繁殖极为有利的条件；而微生物的活动，又是紫背天葵败坏的主要原因。此外，紫背天葵的生产是有季节性和地区性的，将旺季过剩的新鲜紫背天葵和一些地区的特产蔬菜进行适当的加工，有利于调节紫背天葵生产的淡旺季和不同地区紫背天葵市场的需求。随着生活水平的提高和人们对于蔬菜需求的增加，紫背天葵的加工也有一定发展。紫背天葵加工制品质量的提高和生产的发展，在很大程度上取决于优良原料品种的选择。紫背天葵作为加工用材料具有单产高、抗病性强、富含花青素、特殊保健功效等优点。

紫背天葵开发利用越来越广泛，目前主要有以下四种：一是将紫背天葵作为原料经过简单配制、浸制等手段加工成传统食品或饮品，如糕点、风味雪糕、醋、酒、茶等；二是结合现代食品加工新技术生产系列保健（饮）品，如用紫背天葵配上山药、山楂、枸杞子、银耳等，经过蒸煮、打浆、酶处理、均质等工艺流程加工制成营养液饮料，可起到补肾壮阳、健体强身的作用，另可通过工艺处理加工成紫背天葵蔬菜纸，既保持了其自然风味、色泽和营养成分，而且具有低糖、低钠、低脂、低热量、高膳食纤维，含维生素、矿物质，特别适宜老人、糖尿病和肥胖病患者食用；三是利用现代生物工程原理与技术，将紫背天葵中的生理活性成分提取出来，作为添加剂，用于各种药品和食品中，以充分提高其利用价值；四是紫背天葵中的挥发油化学成分可作为医药工业和香料工业的原料来开发。

第二章　紫背天葵繁殖与栽培

植物的繁殖方式包括有性繁殖和无性繁殖。有性繁殖是用种子进行播种繁殖，即利用雌雄受粉相交而结成种子来繁殖后代，故又称种子繁殖，一般易授粉且结实率高的植物常采用此法进行繁殖。种子繁殖的优点是繁殖数量大，根系完整，生长健壮，一次播种可获得大量幼苗，种子采集、贮存、运输方便，实生苗生长旺盛、抗逆性强、易驯化；而缺点在于不能用于繁殖自花不孕植物及无籽植物。同时，种子繁殖的后代易出现变异，从而失去原有的优良性状，导致某些蔬菜生产上常出现的品种退化问题。此外，某些多年生草本植物采用种子繁殖存在开花结实较晚等不利因素。无性繁殖是指生物体不通过生殖细胞的结合，也就是不经由减数分裂来产生配子，直接利用母体营养器官的一部分作为繁殖材料，进行分生、扦插、压条、嫁接繁殖和组培快繁及植物的无融合生殖等，使之形成一个新的个体。因此，无性繁殖又称营养繁殖。营养繁殖主要分为孢子繁殖、分裂生殖、出芽生殖、断裂生殖和营养器官繁殖等。这种生殖的速度通常都较有性生殖更快。但是，行这种生殖方式的生物常常会因为其后代无法适应新环境而灭绝，这也是行无性生殖的缺点之一。

紫背天葵一般不易授粉且结实率低，所以常采用分株、扦插及组培快繁等方式进行繁殖。温室大棚繁殖或种植紫背天葵一年四季皆可进行，而大田繁殖或种植紫背天葵常选在春秋两季。由于分株繁殖需要大量的母株，所以只适于紫背天葵零星种植。而大量繁殖紫背天葵种苗的方式一般采用扦插及组培快繁。扦插或组培快繁获得的紫背天葵种苗常于春秋两季种植于大田进行人工栽培，所获取的高产优质紫背天葵可作为特色蔬菜食用或进行加工开发功能食品。

第一节　紫背天葵扦插繁殖

扦插繁殖是植物繁殖的方式之一，是通过截取一段植株营养器官，将之插入疏松润湿的土壤或细沙中，利用其再生能力，使之生根抽枝，成为新植株的繁殖方式。扦插属于无性生殖。可选取植物不同的营养器官作插穗,按采用器官的不同有枝插、根插、芽插和叶插之分。采取扦插枝条的母体植株,要求具备品种优良,生长健旺,无病虫为害等条件,生长衰老的植株不宜选作采条母体。在同一植株上,插材要选择中上部,向阳充实的枝条。在同一枝条上,硬枝插选用枝条的中下部,因为中下部贮藏的养分较多,而梢部组织常不充实。扦插时期,因植物的种类和性质而异,一般草本植物对于插条繁殖的适应性较大;除冬季严寒或夏季干旱地区不能行露地扦插外,凡温暖地带及有温室或温床设备条件者,四季都可以扦插。

一、茎扦插繁殖

茎扦插是扦插繁殖中的一种,适用的种类最多,凡是柱状、鞭状、带状和长球形的种类,都可以将枝切成 5~10cm 不等的小段,一般枝条切断后立即插入基质或土壤中,而多肉植物待切口干燥后插入基质。插时注意上下不可颠倒。植物的茎插繁殖包括顶芽插、嫩枝扦插、半硬枝扦插、硬枝扦插等:顶芽插多是草本植物采取的扦插方式,主要是从植株上截取带有顶芽的插穗进行扦插,这种方法比较容易长根,并且成活的时间是最短的;嫩枝扦插是指从植株上取下来新生的、尚未木质化的枝条进行扦插,这种扦插的方式生根也比较简单,但是容易受到环境的影响,尤其是湿度不够的时候,会导致扦插失败;半硬枝扦插是指在扦插的时候选择植株上一年生的或者是当年的枝条,但是要求枝条发育成熟,表皮开始木质化,半硬枝扦插是比较容易成活的,因为插穗本身含有的养分较充足;硬枝扦插多是木本植物所采取的繁殖方式,一般是选择发育完全成熟的枝条进行扦插;在冬春季节或者是植株休眠的时候都可以进行,剪取 15~30cm 即可。

无设施栽培条件下,紫背天葵茎扦插时间可选在春秋两季,如果选择温室大棚环境,一年四季皆可进行。紫背天葵扦插时选择富含腐殖质的沙壤土,也可进行基质扦插。紫背天葵进行沙壤土质扦插时,取紫背天葵 10cm 左右长留顶端 2~3 片叶的枝条,40%遮阳网遮阳处理,扦插深度为 5cm 左右。扦插完之后将地完全浇透,之后每天浇水 1~2 次,保持地面水分充足。紫背天葵茎扦插繁殖不定根萌出时间为 4~5d,地上不定芽萌出时间为 9~10d,20d 后,紫背天葵最长新枝长到 10cm 左右,叶片数达到 6~8 片时,即可移植到大田进行栽培。紫背天葵茎扦插一般成活率高,成苗率可以达 100%。

二、根扦插繁殖

　　根插繁殖这是指在繁殖植物的时候，利用根部来做插穗进行扦插。主要是保证植株长出新的芽和枝条即可。适用根扦插繁殖的植物种类较少，常见的有掌类中的翅子掌和百合科的截形十二卷、毛汉十二卷等。繁殖时将其粗壮的肉质根用利刀切下，大部分埋入沙中，顶部仅露出 0.5cm，此时可能成功地长出新株，但成功率并不高。

　　紫背天葵也可采用根扦插繁殖，取其 10~15cm 长成熟根平埋于土层，覆盖深度小于 1cm，一般采用 40%遮阳网遮阳处理，扦插完之后将地完全浇透，之后每天浇水 1~2 次，保持地面水分充足。采取一般常规大田管理。紫背天葵根扦插繁殖时，不定根萌出时间为 5~10d，地上不定芽萌出时间为 12~18d，不定芽生长出的最长新枝长度于扦插后 20d 可达 5cm，紫背天葵根扦插成苗率为 76.39%。

三、叶扦插繁殖

　　叶插一般在多肉花卉中比较常用。凡能用于叶插的种类大多具有肥厚的叶片，但很多种类叶片虽然肥厚，可叶柄和叶的任何部位都不能产生不定芽。因此，能进行叶插的仅限于几个科的种类。作为插穗的叶片一定要待其生长充实后取下。叶插分为全叶插、片叶插和叶芽插等三种：全叶插是用完整的叶片扦插，有的种类是平置于扦插基质上，而有的要将叶柄或叶基部浅埋入基质中，叶片直立或倾斜都可以，叶片平置于基质中发根的种类主要有风车草、神刀、厚叶草、东美人、褐斑伽蓝、玉米石和翡翠景天等，将叶片插入基质发根的种类主要有鲨鱼掌属和十二卷属、豆瓣绿属种类，还有石莲花属、莲花掌属和青锁龙属的少数种类；片叶插是将叶片分切成数段分别扦插，如龙舌兰科的虎尾兰属种类，可将壮实的叶片截成 7~10cm 的小段，略干燥后将下端插入基质，景天科的神刀将叶切成 3cm 左右的小段，平置在基质上也能生根并长出幼株，片叶插能增加繁殖数量，但适用的种类不多；叶芽插是指在进行叶片扦插的时候，在叶子的基部要带有一个芽，这样会更容易发出不定芽来，此方法适用于繁殖不易长不定芽的植物。

　　紫背天葵可采用保留叶柄的老叶片进行全叶扦插。取紫背天葵约 8cm 长且保留叶柄的老叶片扦插于富含腐殖质的沙壤土或扦插于无土栽培的基质中，用 40%遮阳网遮阳处理，叶柄扦插入土深度为 1cm 左右，采取一般常规大田管理，扦插完之后将插穗完全浇透，之后每天浇水 1~2 次，保持地面水分充足。紫背天葵叶扦插繁殖不定根萌出时间为 10d 左右，地上不定芽萌出时间为 25~30d，紫背天葵叶扦插成苗率为 67.82%，不定芽生长出的新枝长度于扦插后 40d 可达 8~10cm。此时，紫背天葵幼苗可进行大田移栽。

第二节　紫背天葵组培快繁

植物组织培养即植物无菌培养技术，又称离体培养，是根据植物细胞具有全能性的理论，利用植物体离体的器官（如根、茎、叶、茎尖、花、果实等）、组织（如形成层、表皮、皮层、髓部细胞、胚乳等）或细胞（如大孢子、小孢子、体细胞等）以及原生质体，在无菌和适宜的人工培养基及温度等人工条件下，诱导出愈伤组织、不定芽、不定根，最后形成完整的植株。植物组织培养是快速繁育优良品种无性系幼苗的现代高新技术，具有繁殖系数高、代数多、可育苗的时间长、材料消耗少、繁殖效率高的优点，但由于植物组织培养存在一次性投资大、成本高、技术步骤繁杂、技术易传性差、农民在生产上不能直接利用试管苗、成活率低、推广难度大等缺点，该技术在实际工厂化育苗中所形成的生产力还有一定局限。

但随着人工种植紫背天葵面积的扩大，采用传统分株或扦插繁殖紫背天葵具有一定的局限性，而组培快繁具有繁殖速度快及繁殖系数大等优点，通过组培快繁技术，选取少量紫背天葵嫩枝材料就能在短期内生产出大量优质商品紫背天葵种苗，这在不影响原有紫背天葵的种植采收情况下可获得较高的经济效益。因此，以下将从紫背天葵组培快繁外植体材料获取、培养基配方选择、诱导增殖培养以及壮苗生根和移栽等方面进行介绍，为大量商品化生产紫背天葵优质组培苗提供服务。

一、外植体材料获取

在进行紫背天葵组培快繁时，首先需进行外植体材料的选择和处理。剪取长势良好、嫩度适中的紫背天葵枝条，去除叶片，剪成 1.8cm 左右的茎段，用含有洗洁精、浓度在 300 倍左右的水中浸泡 5min，流水冲洗 8min 后转入超净工作台内，用 75% 浓度的酒精消毒 20s，无菌水冲洗干净后再用0.1% 的升汞消毒 6min，无菌水冲洗 3 次，然后将以上消毒过的紫背天葵茎段接种到培养基中。

二、培养基配方选择

组培快繁紫背天葵不同阶段所需培养基均需加入 3% 的蔗糖、6% 的琼脂，灭菌前用 1mol/L 浓度的 HCl 或 NaOH 将培养基 pH 值调至 5.8，培养基配好后搅拌均匀，依次装入洁净的玻璃瓶中，封口后于 1.1kg/cm² 压力和 121℃ 下灭菌 15min，自然冷却后备用。紫背天葵组培快繁分为诱导分生组织、增殖培养、壮苗培养及生根培养等四个不同阶段，根据各阶段的特点，选择及配制合适的培养基。紫背天葵组培快繁过程中诱导、增殖、壮苗及生根培养所处外界环境中，一般温度保持在 25℃ 左右，光照强度在 2 000～3 000lx，光照时间为 10h/d。

组培过程中，将消毒好的紫背天葵茎段放到初代诱导培养基上，采用 MS+BA 3mg/L+NAA 0.2mg/L 配制培养基，约 7d 后茎段芽开始萌发，15d 后将已长出的芽转接到增殖培养基 MS+BA 1mg/L+NAA 0.1mg/L 上进行扩繁，扩繁后获得的新芽可反复转接到新的增殖培养基上，不定芽通过不断转接、分割，使芽的数量不断增长，待紫背天葵芽增殖到预计的数量后，在保证一定数量增殖苗条件下，将小于 2cm 的不定芽继续转接在培养基上增殖培养，高于 2cm 的不定芽单个切开，转入壮苗培养基 MS+BA 0.2mg/L+NAA 0.05mg/L 培养 30d 左右，再将产生的丛生芽切开，生长纤细瘦弱的不定芽继续进行壮苗增殖培养，而生长健壮旺盛的组培苗转入生根培养基 1/2 MS+NAA 0.1mg/L+活性炭 0.5% 进行生根培养。

三、炼苗前处理

在光照条件下，紫背天葵组培苗在生根培养基上培养 10d 后便开始长根，生根率可达 100%，此时，幼小植株长有嫩叶 2 片或以上，20d 后苗高达 3～5cm 时，将组培苗松盖 2d 放置后再开盖 3d 进行炼苗。依次通过松盖、开盖等过程进行炼苗后，接着从瓶苗培养基中取出紫背天葵组培苗，用清水洗净根部琼脂糖后，移栽至特殊环境下进行炼苗。

四、组培苗驯化栽培

将瓶苗密植于大棚富含沙壤土的苗床中，移植完后浇透水，同时在移植组培苗的大棚内每畦加盖小拱棚，再盖上一层地膜以保证扦插苗所处环境中足够的湿度，扦插一周内，每天早晚各浇一次水，小拱棚内温度尽量保证在 25℃ 左右，光照强度白天约 3 000lx。一周后揭开小拱棚地膜，此时管理可适当粗放，每天早或晚只浇水一次，光照可适度增强（5 000lx 左右），这样再管理一周后便可起苗移栽至大田。

紫背天葵大田种植株行距一般为 20cm×25cm，每畦种 4 行，每 667m² 种植株数约 8 000 株，作为蔬菜或天然花青素来源之用时，1 个月左右，待紫背天葵长至 20cm 时采收，基部约留 5cm，随着采收次数的不断增加，根茎部不断变大。虽然紫背天葵可以一次种植多年采收，但为保证商品化种植的产量和质量，紫背天葵种植 1 年左右就应换苗（有条件的地方可以结合换苗换地种植）。

第三节　紫背天葵人工栽培

人工栽培紫背天葵，春秋两季种植皆可。种苗可来自扦插苗或采用组织培养获得的种苗。目前种植的紫背天葵常采用春季茎扦插获得的种苗。于春季 3 月份对其茎扦插繁殖，插条茎长约 10cm。1 个月左右生根成活，含 4~5 片嫩叶后种植于大田，土壤 pH 值约为 5.4。试验设 3 次重复，每个小区面积 1m²，株行距为 12cm×20cm，共计 3 个小区。田间管理参照一般大田栽培管理措施。当年 4 月份至年底，每隔 10d 分别测定株高、茎粗、分枝数、叶片数、病斑数，各小区数值取月平均值。当年 5 月至翌年 4 月每月月底测产。

一、株高和茎粗

紫背天葵株高在 4—7 月增长显著，增长 6.50cm，增长率达 68.86%，7—12 月株高增长缓慢，仅增长 0.17cm。这说明紫背天葵在一般田间管理下，其株高生长高峰期主要集中在 4—7 月。紫背天葵茎粗的生长总体上呈先快后慢趋势。4—7 月茎粗增长 2.89mm，增长率达 57.11%，其中 4—5 月增长不大，增长 0.44mm，5—6 月茎粗增长 1.11mm，6—7 月茎粗增长 1.34mm。7—10 月茎粗增长较前四个月放缓，共增长 1.47mm，增长率为 18.49%。10—12 月茎粗增长缓慢，增长 0.19mm。

紫背天葵生长发育受到气温、病虫害的繁殖等因素影响，株高生长高峰期主要集中在 4—7 月，株高增长 6.50cm，增长率达 68.86%。紫背天葵茎粗的生长总体上呈先快后慢趋势，4—7 月茎粗增长 2.89mm，增长率达 57.11%，7—12 月茎粗增长较前放缓，增长 1.66mm。

二、分枝数和叶片数

紫背天葵分枝数生长总体上呈先慢后快渐平缓趋势。4—5月生长较慢，平均每株分枝数增长0.23个。而5—10月紫背天葵的分枝生长很快，10月平均每株分枝数较5月增长28.21个，其中7—8月分枝数增长较少，分枝数增长3.67个，而8—9月分枝数增长较多，增长数达10.58个。10—12月分枝数增长很少，仅增长0.16个。分枝数随着紫背天葵的采摘，去除顶端优势后，分枝生长能力很强，但其生长受到高温和低温影响因素的胁迫，在7月、8月、11月和12月随着气温的升高或降低，其分枝数增长减缓，生长明显受到抑制。叶片的生长趋势与分枝数生长相似，且总体上呈现先慢后快渐平缓趋势。4—6月叶片数增长较少，增长9.66片。6—7月叶片数增长32.17片，7—8月叶片数增长6.81片，8—10月叶片数增长39.19片。6—10月叶片数增长趋势呈先快后平缓后快，10月平均每株叶片数较6月增长78.71片，增长率达534.31%。10—12月，叶片数增长趋于平缓，增长0.43片。

三、病斑数

紫背天葵叶片病斑数在4—8月呈上升趋势，在8月达到高峰，病斑数16.28个，而8月后呈下降趋势，8—9月下降明显，9月病斑数为8.07个。原因可能是随着气温的升高，病虫害繁殖速度加快，同时紫背天葵在高温的胁迫下生长受到抑制，使病斑数逐渐增多，尤以7—8月表现突出；但9—12月随着气温的下降，病虫害的繁殖减缓，紫背天葵新叶生长速度加快，病斑数逐渐减少。因此，总体趋势为紫背天葵病斑数变化呈先增后减趋势。

四、产量

4—6月产量呈上升趋势，6月较4月产量增长282.49g；6—8月产量呈下降趋势，7月较6月减少78.50g，8月较6月减少64.95g。表明在高温下，紫背天葵生长发育减缓，同时遭受病虫害繁殖速度加快的影响，致使紫背天葵的产量有所降低。9—11月产量增长显著，11月的产量达到最高，为1 102.35g。12月至次年2月产量呈下降趋势，尤以次年2月份产量较低，为535.65g，次年2—3月呈增长趋势，3月较2月产量增长177.93g，结果表明低温使紫背天葵生长速度渐缓，产量降低。因此，适合紫背天葵生长的最佳季节为3—6月和9—11月，且气温的变化影响紫背天葵产量，低温对其产量的影响大于高温对其产量的影响。

第四节　紫背天葵常见病虫害及其防治

　　病虫害是病害和虫害的并称，常对农、林、牧业等造成不良影响。植物在栽培过程中，受到有害生物的侵染或不良环境条件的影响，正常新陈代谢受到干扰，从生理机能到组织结构上发生一系列的变化和破坏，以至在外部形态上呈现反常的病变现象，如枯萎、腐烂、斑点、霉粉、花叶等，统称病害。引起植物发病的原因，包括生物因素和非生物因素。由生物因素如真菌、细菌、病毒等侵入植物体所引起的病害，有传染性，称为侵染性病害或寄生性病害，由非生物因素如旱、涝、严寒、养分失调等影响或损坏生理机能而引起的病害，没有传染性，称为非侵染性病害或生理性病害。在侵染性病害中，致病的寄生生物称为病原生物，其中真菌、细菌常称为病原菌。被侵染植物称为寄主植物。侵染性病害的发生不仅取决于病原生物的作用，而且与寄主生理状态以及外界环境条件也有密切关系，是病原生物、寄主植物和环境条件三者相互作用的结果。侵染性病害根据病原生物不同，可分为真菌性病害、细菌性病害、病毒病及线虫病等。

　　为害植物的动物种类很多，其中主要是昆虫，另外有螨类、蜗牛、鼠类等。昆虫中虽有很多属于害虫，但也有益虫，对益虫应加以保护、繁殖和利用。因此，认识昆虫，研究昆虫，掌握害虫发生和消长规律，对于防治害虫，保护植物获得优质高产，具有重要意义。各种昆虫由于食性和取食方式不同，口器也不相同，主要有咀嚼式口器和刺吸式口器。咀嚼式口器害虫，如甲虫、蝗虫及蛾蝶类幼虫等。它们都取食固体食物，为害根、茎、叶、花、果实和种子造成机械性损伤，如缺刻、孔洞、折断、钻蛀茎秆、切断根部等。刺吸式口器害虫，如蚜虫、椿象、叶蝉和螨类等。它们是以针状口器刺入植物组织吸食食料，使植物呈现萎缩、皱叶、卷叶、枯死斑、生长点脱落、虫瘿（受唾液刺激而形成）等。此外，还有虹吸式口器（如蛾蝶类）、纸吸式口器（如蝇类）、嚼吸式口器（如蜜蜂）。了解害虫的口器，不仅可以从为害状况去识别害虫种类，也为药剂防治提供依据。害虫防治方法主要有农业防治法、生物防治法、物理防治法和化学防治法。

一、主要病害及其防治

1. 根腐病

（1）识别要点。主要为害根茎部和叶片。根和茎部出现水渍状软腐而变黑色，腐烂现象明显，植株萎蔫下垂。叶片多从叶尖和叶缘开始，出现暗绿或灰绿色大型不规则水渍状病斑，然后很快变暗褐色。

（2）发生规律。山鞭毛菌亚门疫霉属真菌引起。以菌丝体或卵孢子随种苗传播，借雨水溅射到近地面的叶片上形成初侵染，然后病原菌形成孢子囊，借风、雨或流水传播。一般由下部叶片开始发病，低温、阴雨、湿度大、露水大、早晨或夜间多雾情况下易于发病，当较长时间相对湿度在85%以上、气温在25℃时极易流行。地势低洼、排水不良、植株生长茂密、田间湿度大的地块发病早而重；偏施氮肥，植株徒长或土壤贫瘠、植株衰弱，也易发病；大雨漫灌后发病严重。

（3）防治办法。可在发病初期，选用69%烯酰吗啉·锰锌或者安克·锰锌800倍液、50%多菌灵可湿性粉剂800倍液、75%敌克松可溶性粉剂800倍液、50%氯溴异氰脲酸（消菌灵）800倍液、1.5%根复特（根腐110）400倍液、40%乙膦铝200~400倍液、25%甲霜灵600倍液、64%噁霜灵（杀毒矾）500倍液，或72%霜脲氰·锰锌（克露、克抗灵、霜克等）700倍液灌根或喷雾，也可用70%代森锰锌500倍液喷雾，6~8d 1次，连续2~3次，喷雾时要兼顾地面。

2. 叶斑病

（1）识别要点。主要为害叶片。病叶初生针尖大小浅褐色小斑点，后扩展为圆形至椭圆形或不规则形病斑，似蛇眼，中心暗灰色至褐色。

（2）发生规律。由半知菌亚门真菌引起。以菌丝体和分生孢子器在病残体上越冬，第2年以分生孢子借风雨传播。植株种植过密时容易发病。病菌发病适温20~28℃，高温多雨时发病严重，温室、大棚若通风不畅，植株茂密，浇水后往往容易发生。

（3）防治办法。发病初期，可选用70%代森锰锌500倍液，或80%代森锰锌可湿性粉剂600倍液，或50%甲基硫菌灵500倍液，于发病初期喷施，每隔7~10d喷1次，共喷2~3次，1h内遇雨应重喷。

3. 炭疽病

（1）识别要点。主要为害叶片和茎。叶片感病，初生黄白色至黄褐色小斑点，后扩展为不定型或近圆形褐斑。茎部感病，初生黄褐色小斑，后扩展为长条形或椭圆形的褐斑，病斑绕茎 1 周后，病茎褐变收缩。

（2）发生规律。由半知菌亚门真菌引起。主要以菌丝体和分生孢子盘随病残组织遗留在田间或以分生孢子盘在病残体中越冬。病菌以分生孢子借雨水冲溅到叶片上，引起发病。田间发病后形成分生孢子，进行重复侵染发病温度为 24~35℃，相对湿度 70%~95%，为高温、高湿型病害。7—8 月高温多雨季节或低洼地块发病重。

（3）防治办法。参考叶斑病。

4. 菌核病

（1）识别要点。病害从茎基部发生，使茎秆腐烂。发病初期，病部呈现水渍状软腐，褐色，逐渐向茎和叶柄处蔓延，并密生自色絮状物。后期在茎秆内外均可见黑色鼠粪状的菌核。

（2）发生规律。子囊菌亚门真菌引起。以菌核在病残体和土壤内越冬。第 2 年产生子囊孢子侵染为害，并通过病株和健株间的接触和土壤内菌丝的生长蔓延传播，前茬作物为十字花科作物的田块发病严重，雨季发病严重。

（3）防治办法。参考叶斑病。

二、主要虫害及其防治

1. 斜纹夜蛾

（1）识别要点。斜纹夜蛾又称莲纹夜蛾、莲纹夜盗蛾，属鳞翅口，夜蛾科。幼虫食叶，4 龄后进入暴食期，一般在傍晚取食。

（2）发生规律。斜纹夜蛾是喜温性害虫，发育适温较高，为 29~30℃，因此各地严重为害时期都在 7—10 月。该虫的天敌很多，主要有瓢虫、绒茧蜂、寄蝇、步行虫、病毒及鸟类等。一般斜纹夜蛾大发生后，天敌随之上升，致使第 2 年的发生受到抑制。3 龄前的低龄幼虫期，是药剂防治适期。

（3）防治办法。对低龄害虫（3 龄前）用 1.5% 甲氨基阿维菌素苯甲酸盐乳油 2 000~3 000 倍液或 50g/L 虱螨脲乳油 1 000~1 500 倍液，或 4.5% 高效氯氰菊酯乳油的 1 500 倍液喷雾。高龄害虫（3 龄后）用 35% 吡虫啉效果良好。

2. 蚜虫和潜叶蝇

（1）识别要点。在干旱季节易发生蚜虫（主要是甘蓝蚜和萝卜蚜）及潜叶蝇为害，发病的植株，顶端嫩叶症状最明显，表现为叶片浓淡不均的斑驳条纹，严重的叶片皱缩变小，生长受抑制。

（2）防治办法。可选用10%吡虫啉2 000倍液，或36%啶虫脒水分散颗粒剂15 000倍液及50%灭蝇胺5 000倍液喷雾。加强以上病虫害的防治，最主要的还是加强农业综合防治措施，如选择肥沃、排水良好的地块，起垄高畦栽培，用地膜覆盖以防止雨水溅起病菌，增施有机肥和磷、钾肥，增强抗病力。注意通风透光，大棚栽培要特别注意通风降湿。及时摘除病叶、拔除病株，深埋或烧毁，尤其是对根腐病。

第三章 不同栽培方式对紫背天葵生长的影响

　　蔬菜高效栽培方式主要包括：反季节栽培，即避开蔬菜品种的正常栽培季节和市场供应期，采用特殊栽培技术种植蔬菜，从而提高效益；软化栽培，即蔬菜长到一定程度时，设置半暗或黑暗环境，并保持适当的温湿度，让蔬菜植物在少见和不见光的条件下生长，此方法栽培的蔬菜叶绿素少、茎叶柔软，风味独特；延后栽培，即采取人工控制措施，延长蔬菜的生长和供应时间，如秋天栽培的各种蔬菜在早霜来临前进行覆盖，保温防寒，延长生长期；促进栽培，即在冬季至早春，利用日光温室、大棚、小拱棚设施栽培蔬菜，供应淡季市场需要，各种喜温性和耐寒性蔬菜都可进行促进栽培；越夏栽培，就是在夏季人为地创造适宜蔬菜生长的环境，利用遮光和降温，使蔬菜能安全越夏生长；无土栽培，即在保护设施中使用营养液的栽培，常用的方法有水栽培法、营养液膜法等。而随着经济和社会的发展，许多普通蔬菜通过高产栽培技术有效地提高了产量，蔬菜种类和数量越来越丰富。但是片面追求高产量的同时也造成了口感和营养品质的下降，蔬菜的营养被人工栽培方式所破坏，而且化肥及其他的增产剂也使得蔬菜的硝酸盐含量增加。与此同时，随着生活水平的提高，人们对蔬菜的消费偏好发生了很大的变化，越来越注重营养全面化和无毒自然等，而野特菜因其较高的营养价值和药用价值备受人们的重视和青睐。开发和利用野特菜有利于丰富人民群众的菜篮子、满足当今人们消费喜好、提高野特菜的利用程度、获得较大的经济效益，紫背天葵因其生长适用性好、抗病虫害能力强且营养丰富、口感特别而具较高的研究价值。

第一节　施肥对紫背天葵生长的影响

　　种植蔬菜施肥主要包括地面撒施、机械深施、滴灌施肥、随水冲施、叶面施肥等方法。其中地面撒施方法简单，但肥料利用率不高，一些肥料挥发性大，浪费严重，同时，在撒化肥的时候尽量不要让它停留在蔬菜的叶面上；机械深施，这种方法有利于提高化肥效率，但费时费力且操作不便；对于滴灌施肥来说，使用这种方法施肥利用率高，几乎不损失，且节省时间，同时施肥方法灵活，可根据肥料的自身特性进行，但这种施肥方法成本高，需要的设备多，所以一般在高效大棚蔬菜种植区使用；随水冲施这种方法简单，但肥水利用率不高，因为肥料在溶水之后，会到达土壤深层，而蔬菜根系比较浅，导致不能被充分利用，此外，由于化肥会通过土壤等通道流进地底，对当地环境造成污染；叶面施肥这种方法比较经济，尤其对于生长状况不好的蔬菜，该方法效果更明显，叶面施肥使用的化肥除复合肥外，一些厂家还生产出专门的叶面肥料，然而蔬菜需要的营养大多还是来自于土壤，所以这种方法只是起到了辅助的作用。在不同的情况下选择不同的施肥方法，蔬菜才会生长得更加良好，而多种施肥方式合理搭配，互相辅助，这样才能让化肥得到有效利用，从而种植出更加优良的蔬菜。

关于紫背天葵种植施肥方面，通过进行常规田间管理，观测其各个生长期生长规律，以期对紫背天葵进行人工栽培利用提供参考；同时，设立不同量的有机肥、液肥及氮肥处理，研究其对紫背天葵的生长、产量和品质的影响，探讨特色蔬菜紫背天葵在人工栽培条件下推广和规模化生产的可行性。

一、叶面肥

春夏季扦插紫背天葵种苗，于秋季种植于大田。大田土壤有机质含量 25.12g/kg、pH 值 6.39、全氮 1.56g/kg、全磷 1.31g/kg、全钾 13.52g/kg、碱解氮 121.36g/kg、速效磷 15.48g/kg、速效钾 195.76g/kg、缓效钾 214.60g/kg。供试叶面肥为高美施有机腐殖活性液肥。高美施叶面肥主要成分为有机腐殖酸、腐殖钾、腐殖钠以及氮、磷、钾、钙、镁、硫六要素和铁、硼、锌、锰、铜、铝等 72 种微量元素。叶面肥试验设 4 个处理，每个处理重复 3 次，共 12 个小区，随机排列，小区面积 1.5m²，株行距为 20cm×20cm，叶面肥（高美施）于 8 月 20 日下午 3：00—4：00 均匀喷施于叶面，同时对照喷施清水。均喷施 450mL/hm²，具体包括：清水对照、800 倍液、600 倍液和 400 倍液。喷施叶面肥后每隔 15d 左右连续 3 次进行紫背天葵株高、茎粗、分枝数、叶片数、产量及品质等测定。

1. 叶面肥对紫背天葵株高和茎粗的影响

叶面喷肥后，秋季每隔 15d 左右进行株高和茎粗的测定，在 3 个不同株高测定时期，喷施高美施均促进紫背天葵的株高的生长，各处理下紫背天葵株高均显著高于对照喷施清水处理。喷施高美施各处理下，600 倍液处理的紫背天葵株高最高，平均为 11.76cm，比对照提高 24.31%；400 倍液处理的紫背天葵株高次之，平均为 11.05cm，比对照提高 16.81%；800 倍液处理的紫背天葵株高最矮，平均为 10.84cm，比对照提高 14.59%。在茎粗测定方面，喷施高美施各处理紫背天葵茎粗显著大于对照不施肥处理。其中喷施 600 倍液处理的紫背天葵平均茎粗最粗，平均为 7.44mm，比对照提高 8.45%。喷施 800 倍液/hm² 及 400 倍液/hm² 处理的紫背天葵茎粗基本相同，平均为 7.16mm，比对照提高 4.37%。因此，喷施高美施 600 倍液对紫背天葵株高和茎粗生长效果均最好。

2. 叶面肥对紫背天葵分枝数和叶片数的影响

秋季叶面喷肥后，每隔 15d 左右连续 3 次测定紫背天葵分支数和叶片数。在分枝数方面，喷施高美施各处理显著增加了紫背天葵分枝数；喷施 600 倍液的处理紫背天葵分枝数最多，平均每株为 6.82 个，比对照提高 35.59%；喷施 400 倍液处理的紫背天葵分枝数次之，平均每株为 5.84 个，比对照提高 16.10%；喷施 800 倍液处理紫背天葵最少，平均每株为 5.54 个，比对照提高 10.14%。在叶片数方面，喷施高美施各处理紫背天葵叶片数均显著大于对照；喷施高美施 600 倍液处理紫背天葵叶片数最多，平均每株为 69.66 片，比对照提高 41.79%；喷施 400 倍液处理紫背天葵叶片数平均每株为 59.56 片，比对照提高 21.23%；喷施 800 倍液/hm² 的处理紫背天葵叶片数平均每株为 53.82 片，比对照提高 9.55%。因此，喷施高美施 600 倍液对紫背天葵株高和茎粗生长效果均最好。

3. 叶面肥对紫背天葵产量的影响

喷施高美施各处理紫背天葵产量均显著高于喷施清水对照。喷施高美施 600 倍液的处理紫背天葵平均产量最高，为每公顷 2 112.24kg，比对照提高 36.06%。喷施 400 倍液处理的紫背天葵产量为每公顷 1 943.27kg，比对照提高 25.28%。喷施 800 倍液处理的紫背天葵产量为每公顷 1 911.13kg，比对照提高 23.21%。

4. 叶面肥对紫背天葵品质的影响

植物体内的可溶性蛋白质大多数是参与各种代谢的酶类，测定其含量是了解植物体总代谢的一个重要指标。与喷施清水对照比较，喷施高美施各处理都提高了紫背天葵蛋白质含量。喷施高美施 600 倍液处理的紫背天葵蛋白质含量最高，达 17.87%，比对照提高 17.26%；其次为 800 倍液和 400 倍液，分别为 16.82% 和 16.65%，比对照分别提高 10.37% 和 9.25%。

维生素 C 是蔬菜营养品质的一个重要指标，蔬菜维生素 C 的含量的高低和人类健康有着极为密切的关系。与喷施清水对照比较，喷施高美施各处理都提高了紫背天葵维生素 C 的含量，喷施高美施 600 倍液紫背天葵的维生素 C 含量最高，为 0.88mg/100g，比对照提高 15.8%；其次为 800 倍液和 400 倍液，分别为 0.86mg/100g 和 0.85mg/100g，比对照分别提高 13.20% 和 11.80%。

可溶性糖是光合作用的直接产物，也是植物体内多糖、蛋白质、脂肪等大分子化合物合成的物质基础。与喷施清水对照比较，喷施高美施各处理都提高了紫背天葵可溶性糖的含量。喷施高美施 600 倍液处理的紫背天葵可溶性糖含量最高，为 34.52%，比对照提高 23.42%；其次为 800 倍液和 400 倍液，含量分别达 32.04% 和 31.09%，比对照分别提高 19.64% 和 16.10%。

粗纤维含量与其质地坚硬程度相关。粗纤维含量高的蔬菜质地坚硬粗糙，适口性差。与喷施清水对照比较，喷施高美施各处理都降低了紫背天葵粗纤维的含量，喷施高美施 800 倍液处理的紫背天葵粗纤维含量最低，为 26.05%，比对照降低 11.87%；其次为 600 倍液和 400 倍液，分别为 26.88% 和 28.64%，比对照分别降低 9.07% 和 3.11%。

因此，喷施高美施各浓度处理明显改善了紫背天葵的营养品质，提高了紫背天葵营养物质蛋白质、维生素 C、可溶性糖的含量，降低了粗纤维的含量。蛋白质、维生素 C、可溶性糖含量分别提高 9.25%~17.26%、11.80%~15.80%、16.10%~23.42%，粗纤维含量降低 3.11%~11.87%。

二、有机肥

研究有机施肥对紫背天葵生长的影响，其中紫背天葵种苗、种植时间、种植土壤条件及采收时间和相关检测分析均与叶面肥对紫背天葵的生长影响研究条件相同。供试有机肥为加华牛业无添加剂的粉碎牛粪，其有机质≥40%，水分≤20%。有机肥于扦插前整地时施用总施肥量的 70%，其余 30% 分别于样品测定完之后等量追肥。具体每公顷施肥量分别为：不施有机肥、1 500kg、3 750kg、6 000kg。

1. 有机肥对紫背天葵株高和茎粗的影响

不同测定时期，施有机肥均显著促进紫背天葵株高的生长。其中施 3 750kg/hm² 的紫背天葵株高最高，平均为 15.68cm，比不施有机肥对照提高 65.75%。施 6 000kg/hm² 处理的紫背天葵株高次之，平均为 12.93cm，比对照提高 36.68%。施 1 500 kg/hm² 处理的紫背天葵株高最矮，平均为 12.52cm，比对照提高 32.35%。

关于施用不同量有机肥对紫背天葵茎粗的影响。不同测定日期施有机肥各处理下紫背天葵平均茎粗方面。施 3 750kg/hm² 的紫背天葵茎粗最粗，平均为 7.67mm，比对照提高 11.81%。施 6 000kg/hm² 的紫背天葵茎粗次之，平均为 7.46mm，比对照提高 8.75%，施 1 500kg/hm² 的紫背天葵茎粗平均为 7.22mm，比对照提高 5.25%。

2. 有机肥对紫背天葵分枝数和叶片数的影响

各测定日期施有机肥各处理紫背天葵分枝数显著大于对照。施 3 750kg/hm² 处理的紫背天葵分枝数最多，平均每株为 8.17 个，比对照提高 62.43%。施 6 000kg 处理的紫背天葵分株数次之，平均每株为 6.87 个，比对照提高 36.58%，施 1 500kg 处理的紫背天葵分枝数，平均每株为 6.30 个，比对照提高 25.25%。

关于施用不同量有机肥对紫背天葵叶片数的影响，各测定日施有机肥各处理下紫背天葵叶片数均显著高于对照。施 3 750kg/hm² 处理的紫背天葵叶片数最多，平均每株为 79.46 片，比对照提高 61.73%。施 6 000kg 处理的紫背天葵叶片数次之，平均每株为 68.06 片，比对照提高 38.53%，施 1 500kg 处理的紫背天葵叶片数，平均每株为 62.23 片，比对照提高 26.66%。

3. 有机肥对紫背天葵产量的影响

施有机肥各处理下紫背天葵产量均显著高于对照。施有机肥 3 750kg/hm² 处理的紫背天葵产量最高，为每公顷 2 574.24kg，比对照提高 65.96%。施 6 000kg/hm² 处理的紫背天葵产量为每公顷 2 268.57kg，比对照提高 46.25%。施 1 500kg/hm² 处理的紫背天葵产量为每公顷 2 110.52kg，比对照提高 36.06%。

4. 有机肥对紫背天葵品质的影响

与不施有机肥对照相比，施有机肥各处理都显著提高了紫背天葵蛋白质含量。施有机肥 3 750kg/hm² 处理的紫背天葵蛋白质含量最高，为 17.35%，比对照提高 13.85%；其次为每公顷施有机肥 6 000kg 和 1 500kg，分别为 16.45% 和 16.31%，比对照分别提高 7.94% 和 7.02%。

在维生素 C 含量方面，与对照不施有机肥相比，施有机肥各处理都显著提高了紫背天葵维生素 C 的含量。施有机肥 3 750kg/hm² 处理的紫背天葵维生素 C 含量最高，为 0.88mg/100g，比对照提高 15.80%；其次为每公顷施有机肥 6 000kg 和 1 500kg，分别为 0.86mg/100g 和 0.85mg/100g，比对照分别提高 13.20% 和 11.80%。

在可溶性糖含量方面，与对照不施有机肥相比，施有机肥各处理都显著提高了紫背天葵可溶性糖的含量。施有机肥 3 750kg 处理的紫背天葵可溶性糖含量最高，为 35.91%，比对照提高 34.20%；其次为每公顷施有机肥 6 000kg 和 1 500kg，分别为 33.53% 和 32.67%，比对照分别提高 25.30% 和 22.10%。

在粗纤维含量方面，与对照不施有机肥相比，施有机肥各处理都显著降低了紫背天葵粗纤维的含量。施有机肥 6 000kg/hm² 处理的紫背天葵粗纤维含量最低，为 20.19%，比对照降低 31.70%；其次为每公顷施有机肥 3 750 kg 和 1 500 kg，分别为 21.12% 和 24.05%，比对照分别降低 28.70% 和 18.80%。

三、氮肥

研究氮肥对紫背天葵生长的影响，供试氮肥为上海化工研究院生产的含氮 46%，丰度为 5.35% 的尿素。尿素于初期施用总施肥量的 50%，剩余供肥量的 50% 分别于样品测定完之后等量追施。具体每公顷施肥量分别为：不施氮肥、750kg、2 250kg 和 3 750kg。其他紫背天葵种苗、种植时间、种植土壤条件及采收时间和相关检测分析均与叶面肥和有机肥对紫背天葵的生长条件下相同。

1. 氮肥对紫背天葵株高和茎粗的影响

不同测定时期，与不施氮肥比较，施不同量氮肥均促进紫背天葵株高的生长。紫背天葵株高在施 2 250kg/hm² 的氮肥时最高，平均为 12.44cm，比对照提高 31.50%。施 3 750kg/hm² 氮肥处理的紫背天葵株高次之，平均为 11.47cm，比对照提高 21.25%。施 750kg/hm² 处理的紫背天葵株高最矮，平均为 11.11cm，比对照提高 17.44%。

在施用不同量氮肥对紫背天葵茎粗的影响方面，施氮肥各处理下紫背天葵茎粗与对照比均显著增粗。施 2 250kg/hm² 处理的紫背天葵茎粗最粗，平均为 7.57mm，比对照提高 10.35%。施 3 750kg/hm² 处理的紫背天葵茎粗次之，平均为 7.29mm，比对照提高 6.27%，施 750kg/hm² 的处理的紫背天葵茎粗平均为 7.19mm，比对照提高 4.81%。

2. 氮肥对紫背天葵分枝数和叶片数的影响

在前期施用氮肥，每公顷施用 750kg 和 2 250kg 处理下紫背天葵分枝数与对照比较差异显著，但是 3 750kg/hm² 处理紫背天葵分枝数与对照不施肥差异不明显。中后期施氮肥各处理下紫背天葵分枝数与对照不施肥比较均差异显著。这说明高氮水平下紫背天葵生长前期的分枝生长受到了抑制。施

2 250kg/hm² 处理的紫背天葵分枝数最多，平均每株为 7.63 个，比对照不施肥提高 51.69%。施 3 750kg/hm² 处理的紫背天葵分株数次之，平均每株为 6.31 个，比对照提高 25.45%，施 750kg/hm² 处理的紫背天葵分枝数平均每株为 6.30 个，比对照提高 15.11%。

在施用不同量氮肥对紫背天葵叶片数的影响方面，三个施氮水平处理下紫背天葵叶片数与对照均差异显著。前期施氮肥 3 750kg/hm² 处理下紫背天葵叶片数少于 750kg/hm² 处理，中后期测定下紫背天葵叶片数均为每公顷用量 2 250kg>3 750kg>750kg>对照不施肥。这说明高氮水平下紫背天葵生长前期的叶片生长受到了抑制。在三个施氮水平处理中以施 2 250kg/hm² 处理的紫背天葵叶片数最多，平均每株为 74.17 片，比对照提高 50.97%。施 3 750 kg/hm² 处理的紫背天葵叶片数次之，平均每株为 62.21 片，比对照提高 26.62%，施 750kg/hm² 处理的紫背天葵叶片数平均每株为 55.89 片，比对照提高 13.76%。

3. 氮肥对紫背天葵产量的影响

与对照不施氮肥比较，施氮肥各处理下紫背天葵产量均显著提高了。施氮肥 2 250kg/hm² 处理的紫背天葵产量最高，为每公顷 2 271.36kg，比对照提高 46.43%。施 3 750kg/hm² 处理的紫背天葵产量为每公顷 2 007.71kg，比对照提高 29.43%。施 750kg/hm² 处理的紫背天葵产量为每公顷 1 957.52kg，比对照提高 26.20%。

4. 氮肥对紫背天葵品质的影响

与对照不施氮肥相比，施氮肥各处理都提高了紫背天葵蛋白质含量。施氮肥 2 250kg/hm² 处理的紫背天葵蛋白质含量最高，为 16.88%，比对照提高 10.76%；其次为每公顷施氮肥 750kg 和 3 750 kg，分别为 16.35% 和 16.27%，比对照分别提高 7.28% 和 6.76%。

施氮肥各处理都降低了紫背天葵维生素 C 的含量。施氮肥 3 750kg/hm² 处理的紫背天葵维生素 C 含量最低，为 0.61mg/100g，比对照降低 21.79%；其次为每公顷施肥 2 250kg 和 750kg，分别为 0.68mg/100g 和 0.75mg/100g，比对照分别降低 12.82% 和 3.85%。

在可溶性糖含量方面，与对照不施氮肥相比，施氮肥各处理都提高了紫背天葵可溶性糖的含量。施氮肥 2 250kg/hm² 处理的紫背天葵可溶性糖含量最高，为 28.71%，比对照提高 7.2%；其次为每公顷施肥 750kg 和 3 750kg，分别为 28.23% 和 28.01%，比对照不施氮肥分别提高 5.40% 和 4.60%。

在纤维素含量方面，与对照不施氮肥相比，施氮肥各处理都降低了紫背天葵粗纤维的含量。施氮肥 2 250kg/hm² 处理的紫背天葵粗纤维含量最低，为 25.92%，比对照降低 12.30%；其次为每公顷施肥 3 750kg 和 750kg，分别为 26.40% 和 27.09%，比对照分别降低 10.70% 和 8.36%。

第二节　紫背天葵的水培技术

　　水培是一种新型的植物无土栽培方式，又名营养液栽培，其核心是将植物的根系直接浸润于营养液中，这种营养液能替代土壤，向植物提供水分、养分、氧气等生长因子，使植物正常生长。在土壤里，有机物质经过土壤微生物和动物的分解作用，转化成植物生长所需的矿质营养物质。土壤中的水溶解了这些矿质养分（通常以离子态存在），使之可以被植物的根所吸收。为了让植物取得均衡的营养，土壤中的各种物质都必须符合最佳比例，但土壤在自然界中不可能存在如此完美的配比。采用水培法以后，植物可以通过根部直接吸收营养液中的养分与水分，人们可以手工调配营养均衡的溶液，实现植物均衡的"饮食"，这显然要比寻找完美土壤容易得多。因为这些溶液都是装在容器中的，可以循环使用，不会流入土壤而对环境造成影响，安全可靠可持续。

　　常见的水培技术有以下三种，主要包括深液流水培、静止深液槽水培和气雾栽培等。每种技术各有自己的优缺点，都有比较大量的实际生产应用。每种方式又有一些变种，但大都万变不离其宗。水培的应用包括用于水培蔬菜，培养无污染的绿色食品，健康安全，深受人们的重视；用于水培花卉，具有清洁卫生、养护方便等优点，特别适合室内摆设，深受消费者喜爱；用于栽培药用植物，如根用药用植物，根的生长环境十分关键，水培尤其是雾培可为药用植物根系提供良好的生长环境，因而种植效果十分明显。无土栽培具有产量高、品质好、生产快、无公害、生产成本低等优点。该栽培方式非常适合紫背天葵的种植。

一、深液流水培

　　深液流水培技术是指植株根系生长在较为深厚并且是流动的营养液层的一种无土栽培技术。该技术具有轻便、洁净、操作简单且易于立体式艺术化造型的特点，是繁忙都市人栽培蔬菜的新兴模式。管道深液流水培系统可架于阳台、楼顶、室内或庭院，还可用于大型农业生产，能起到绿化家园、美化环境的作用，是 21 世纪城市绿化工程、现代农业示范及家庭休闲农业的一种重要模式，具有良好的发展前景。利用已有的管道水培系统种植紫背天葵，具有很好的效果。

1. 管道深液流水培系统构造与栽培原理

管道深液流水培系统主要由栽培架、栽培槽、动力循环系统、贮液箱、控制检测系统等 5 部分组成。其中，栽培架由若干条栽培槽（直径 110～160mm 的聚氯乙烯塑料圆管）首尾相连组成，栽培架可设计成阶梯式、塔式和平面式等各种艺术造型；栽培槽上按一定间距开有定植孔，其上安放定植杯（或海绵）；栽培槽中的液层高度始终控制在 4～5cm。动力循环系统由贮液箱、220V 电源、动力水泵及连接管道组成，其中贮液箱安放在栽培架旁、用来存贮营养液，并由定时器控制小水泵抽取营养液在栽培槽中循环流动，以提高营养液中的溶氧量；营养液配方可采用日本园式通用配方，也可根据地区水质差异采用特别配方，其 pH 值一般控制在 5.8～6.8，为保证 pH 值在合理范围，可用 KOH 或 H_3PO_4 调节。控制检测系统由定时器、电导仪和 pH 计组成。

2. 深液流水培优点

深液流水培技术是将植株根系放置 4～5cm 甚至更深厚的营养液中，同时采用水泵间歇开启供液使得营养液循环流动，以补充营养液中的氧气并使营养液养分更加均匀。液层厚度在 4～5cm，植物生长于充足的水肥环境中，单株植物占有的营养液量较多，营养液的浓度、溶解氧、pH 值、温度和水分存量都不易发生急剧变动，即使遇到高温干旱环境或停电也不需淋水，因为栽培槽中仍有营养液供植物吸收，只需启用动力水泵定时对营养液进行循环抽取即可。植株的根系既可离开液面，新长出的根尖又可接触到营养液，且营养液不断循环流动，解决了根系生长对氧气的需求，保证了植株能吸收到均衡的营养元素。营养液由定时器控制下的水泵进行抽取循环，可增加营养液的溶解氧及消除根的代谢物的累积，平衡根表与根外营养液和养分的浓度，使养分及时输送到根表满足植物生长的需要。该栽培模式操作简单、省时省力，是一种简单和休闲的种植模式，非常适合现代都市人的生活。

3. 管道深液流水培品种选择及定植

紫背天葵有红叶种和紫茎绿叶种两类。红叶种紫背天葵叶背和茎均为紫红色，新芽和叶片均为紫红色，茎的颜色随着植株的成熟逐渐变为绿色。根据叶片大小，红叶种紫背天葵又可分为大叶种和小叶种，其中大叶种叶大而细长、先端尖、黏液多，叶背和茎均为紫红色，茎节长；小叶种叶片较少、黏液少，茎紫红色，节长，耐低温，适于冬季较冷地区栽培。紫茎绿叶种紫背天葵的茎基部为淡紫色、节短、分枝性能差；叶小、椭圆形，先端渐尖，叶色浓绿，有短绒毛，黏液较少，质地差，但耐热、耐湿性强。定植前，在生长旺盛季节，从健壮无病虫害的植株上剪取长 8~10cm 的枝条，保留 2~3 片叶，剪除下部叶片，直接放入定植杯中即可。

4. 营养液配方和管理

因不同地区水质不同，营养液配方也不尽相同。南方地区紫背天葵生长的适宜配方为：每升营养液添加硝酸钙 0.6g、硝酸钾 0.35g、硫酸镁 0.15g、磷酸二氢钾 0.1g、螯合铁 3.0mg、硫酸锰 5.0mg、硫酸铜 0.9mg、硫酸锌 1.0mg、钼酸铵 0.9mg、硼酸 4.1mg。该配方营养液的 pH 值在较长时间内均能保持在 5.8~6.8，因此在紫背天葵整个生长期内可不更换营养液，但须及时补充消耗掉的营养液。紫背天葵对营养液浓度的适应范围很广，植株生长前期可溶性离子浓度值应控制在 1.0~1.5ms/cm，后期可溶性离子浓度值应控制在 1.5~2.5ms/cm。

5. 病虫害防治及采收

紫背天葵零星栽培时病害较少，栽培面积扩大后也会遭受各种病虫害的侵袭。大棚栽培时要特别注意通风降湿。如感染叶斑病、炭疽病和菌核病，可选用 70% 代森锰锌 500 倍液或 50% 大生 500 倍液等，于发病初期喷施，共喷 2~3 次；对斜纹夜蛾，可用 52.25% 农地乐 1 000 倍液或 44% 速凯乳油 1 500 倍液等防治，效果良好；干旱季节易招致蚜虫和潜叶蝇，应及时进行防治，以免传播病毒病，一般可用 10%一遍净 2 000 倍液或 50% 潜克（灭蝇胺）5 000 倍液喷雾防治，此外，及时采收也能减少或避免蚜虫和潜叶蝇的为害。当嫩梢长 15cm 左右时即可开始采收，采收时用手一折即断。第 1 次采收时应保留基部 2~3 片叶，以后每个叶腋又会长出 1 个新梢；待第 2 次采收时，保留基部 1~2 片叶。夏季每 15~20d 可采收 1 次，采收次数越多，分枝越旺盛。

二、静止深液槽水培

相较于深液流水栽培技术，静止深液槽水培在设施制备及植物种植管理等方面更为简单。静止水培植物需要具备三个基本条件：一是选择与水生植物有近亲缘关系，即保留有水生遗传基因的植物材料，用作静止水培；二是选用与水培植物大小、式样相匹配的不渗漏、无底孔的栽培容器；三是采用离子平衡吸收（合适配比），含有水培植物生长所必需的全元素矿质营养的低电导度营养液。目前，紫背天葵静止深液槽水培技术应用只在小范围试生产阶段。

1. 设施建造

建种植槽。首先整平地面，沿大棚跨度方向挖成宽 80~100cm、深 15~20cm 的凹槽（槽长根据大棚跨度来定）。槽四周用砖和泥砌好，在槽尾端的槽壁上预先埋设一根直径 25mm、长 25cm 的硬质塑料短管，将来更换槽内营养液用。槽底用水平仪抄平，上铺 3~5cm 厚的细沙，在砂中铺地热线，然后将砂层喷湿，让砂层沉实，1d 后再在其上铺双层黑色聚乙烯薄膜（0.2~0.4mm 厚），四周以立砖支撑，并折叠压在槽间作业道（60~80cm 宽）的水泥地砖下。注意槽底塑料薄膜要平整，不渗漏。有条件的话可用水泥砂浆砌成永久种植槽。另外，在槽尾端挖一排液沟，方向与槽向垂直，作为将来排出槽内营养液的临时场所。

将从市场购得的 2~3cm 厚的苯板按照种植槽面积进行裁剪，但定植板的长和宽单侧都要大于种植槽 2cm。在定植板上按紫背天葵约 40cm×45cm 的株行距打 2 排定植孔。二排定植孔之间交差排列。将裁好的定植板盖在种植槽上，但要设法使整个种植槽上的定植板尽量处于一个平面，避免形成大小苗，造成生长不整齐。定植所用的定植杯来源可选用廉价的塑料，如一次性饮料瓶等，高度在 6~8cm，孔径与定植孔直径一致，为 5~6cm，但定植杯口外沿应有 0.5cm 左右质地较硬的唇，以便定植杯能嵌在定植板上。

2. 营养液配制

首先计算每个种植槽营养液浸没定植杯脚 1~2cm 时所需的营养液体积，然后可参照华南农业大学叶菜类营养液配方 [Ca（NO$_3$）·4H$_2$O 472mg/L；KNO$_3$ 267mg/L；NH$_4$NO$_3$ 53mg/L；KH$_2$PO$_4$ 100mg/L；K$_2$SO$_4$ 116mg/L，经计算所需用量后分别称取各种肥料，放置在不同容器中加少量水溶解。也可将彼此不发生反应的肥料称好后放在一个塑料容器中溶解。然后向种植槽中注入相当于所需营养液体积 1/3 的水量，再将溶解好的各种肥料溶液依次倒入种植槽中，最后再向槽中加水达到所需营养液体积。注意肥料溶液混合时一定要边倒边搅拌，混合均匀，以防止由于局部浓度过高而造成沉淀，影响肥效。另外，配制结束后要测定营养液的 pH 值和电导率值，为下一步是否采取酸碱中和来调整 pH 值至无土栽培适宜 pH 值范围内以及为定植之后应用电导率测定仪来监控营养液浓度变化提供原始依据。

3. 育苗及定植

紫背天葵节部易生不定根，扦插易成活，故生产上多采用扦插繁殖。其方法是从健壮无病毒的植株上剪取长为 6~8cm 的嫩枝条，对过长的枝条可再剪 1~2 段，每段带 3~5 节叶片，摘除插条基部的 1~2 片叶即可斜插入预先准备好的苗床或塑料钵基质中，入土深度为插条的 2/3。株行距约为 8cm×10cm。基质按细沙：细炉灰渣 1:1 比例混合，不宜施肥。插后喷水浇透，苗床或塑料钵上面用旧塑料布覆盖，遮阳保湿。苗期温度控制在 22~26℃，保持基质湿润，通常 12~15d 即可成活。若需加快生根，可在插前将插条基部浸入浓度为 200~300mg/L 的 NAA 深液中 4h，则可提前 3~4d 成活。扦插成活后，初期 2d 浇 1 次 1/3 剂量的华南农大叶菜类通用的营养液，后期改浇 1 个剂量的上述营养液，1d 浇 1 次。但不要 1 次浇得过多，否则基质内湿度过大，紫背天葵幼苗根系容易腐烂变质，丧失吸收功能而死掉。待幼苗根长 4cm 以上时即可移栽。

定植之前，种植槽和定植杯用 0.3%~0.5% 的次氯酸钠（或次氯酸钙）溶液消毒，再用清水冲洗 3 次。定植板用 0.3%~0.5% 的次氯酸钠（或次氯酸钙）溶液喷湿后，叠放在一起，然后用塑料膜包上，闷 30min 后打开，再用清水冲洗干净。定植时将紫背天葵幼苗根系所带基质在清水中洗净，并在 0.5%~1% 高锰酸钾溶液中浸泡 5~10min 后用清水冲洗 3 次，随后定植到定植杯中。具体方法：预先在定植杯杯身中部以下及杯底用烧红的、直径小于砂粒径的细铁丝烫出一个个小孔，并在定植杯底部先垫入少量 1~2cm 的小石砾，然后将紫背天葵幼苗放在杯中，再向杯中加入 2~3mm 粒径的沙粒，以稳住幼苗。要求根系在定植杯中自然舒展，苗茎处于杯中央。随后将定植杯连同移栽的紫背天葵幼苗一起固定于定植板上。至此定植结束。

4. 栽培管理

营养液在管理定植之初时浸没定植杯脚 1~2cm，以后随根通过定植杯身及杯脚的小孔伸出杯外并逐渐向下生长，营养液面也逐渐调低，一直下降至距定植杯底 4~6cm 时为止，以后维持此液面不变。液面降低则应及时补液。当发现营养液混浊或有沉淀物产生或补液之后经一段时间测定营养液电导率值仍居高不下时，则考虑将整个种植槽的营养液彻底更换。营养液更换时，可通过在槽尾预先设置的硬质塑料管排出槽内所有营养液至排液沟中，再重新配液。冬季液温低时，可通过种植槽底的电热线加温，保持液温在 15℃以上。

在环境条件适宜时，紫背天葵长势强、生长快。当紫背天葵嫩梢长 10~15cm 时即可采收。第一次采收时基部留 2~3 个节位叶片，将来在叶腋处继续发出新的嫩梢，下次采收时，留基部 1~2 节位叶片。注意采收时要考虑剪取部位对腋芽萌发成枝方向的影响，防止将来枝条空间分布不合理，增加管理负担。一般在适宜条件下大约每隔半个月采收 1 次。采收次数越多，植株的分枝越多，枝条互相交叉，植株互相遮光，如不及时采收，不利于植株生长。因此，在管理上应注意及时去掉交叉枝和植株下部枯叶、老叶，并做到及时采收，促发侧枝。

紫背天葵栽培时期虽然病虫害较少，但需注意防治蚜虫、白粉虱。灭蚜及灭粉虱药剂可选用一遍净、万灵、特灭粉虱等药剂，每隔 7d 喷 1 次，连喷 3~4 次，防治效果较好，但注意采收前半个月停用。蚜虫及时防治，可减少病毒病的发生。一旦发现病株应及时拔除，在采收时更应注意，以防止接触传播。另外，注意定植板、定植杯、基质、盛装肥料溶液器皿及紫背天葵幼苗的彻底消毒，以防止病菌一旦浸染根系，通过营养液迅速蔓延，造成较大经济损失。

三、气雾栽培

气雾栽培是一种新型的栽培方式，它是利用喷雾装置将营养液雾化为小雾滴状，直接喷射到植物根系以提供植物生长所需的水分和养分的一种无土栽培技术。用于气雾栽培的作物悬挂在一个密闭的栽培装置（槽、箱或床）中，而根系裸露在栽培装置内部，营养液通过喷雾装置雾化后喷射到根系表面，能减少栽培植物硝酸盐含量、使作物产量成倍增长。它是不用土壤或基质来栽培植物的一项农业高新技术。由于气雾栽培是以人工创造作物根系环境取代土壤环境，可有效解决传统土壤栽培中难以解决的水分、空气、养分供应的矛盾，使作物根系处于最适宜的环境条件下，从而发挥作物的增长潜力，使植物生长量、生物量得到大大提高。气雾栽培还具有节水、节肥以及杀虫灭菌所需的农药可以做到用量最小化或者实现免农药栽培等优点。同时，气雾栽培的增产率是其他任何技术措施无法相比的，农业生产的增产技术措施很多，如配方施肥、科学的水管理、合理的整形修剪或者激素的运用和环境的控制等，但不管哪种技术，它所发挥的增产潜力与气雾栽培相比都是相形见绌。此外，气雾栽培种植环境的局限小，只要有电、有水、有光照的地方就可以进行气雾栽培，而且可以最大化地实施立体种植。还有，气雾栽培可以做到环境洁净化，因为没有任何土壤或其他污染所致的污垢发生，可完全做到工厂式的洁净化生产。紫背天葵具有耐高温及耐阴特性，适合气雾培温室的周年生产，而且通过立体设计大大提高空间利用率，与其他瓜果套种，也可以专化栽培。

1. 育苗与定植

紫背天葵有分株繁殖、播种繁殖和扦插繁殖三种繁殖方法，因其茎节易生不定根，插条极容易成活，生产上大多采用扦插繁殖。一般在2—3月和9—10月进行，如果在智能化快繁苗床可以周年进行，在气候适宜时甚至可以掐枝直接插于雾培定植孔，一周后即可生出气生根。从健壮无病的植株上剪取长6~8cm的半木质化嫩枝条，每个插条留1~2片叶，上端留芽或平剪，基部斜剪成马蹄形。插条基部浸入200~300mg/L的NAA溶液中4h，一般可提前3~4d生根。扦插插条斜插至基质床内，深度为插条的2/3。插条密度大约为8cm×10cm。基质由细沙、细炉灰渣按等体积混合。插后喷透水，用旧塑料布覆盖扦插苗床，遮阳保湿。如有专门智能化育苗床，可以在全光环境下插于珍珠岩环境，生根时间缩短、根量多于传统扦插。扦插苗床保持湿润，温度控制在22~25℃，扦插初期要求散射光，光强度先弱，后期逐渐增加。夏季扦插需搭设拱棚。通常7~10d即可生根。扦插成活后，初期2d浇1次1/3剂量的华南农业大学叶菜类通用的营养液，后期改浇1个剂量的上述营养液，浇1~2次/d，不要1次浇得过多，否则因基质内湿度过大，扦插苗的根系容易腐烂变质，丧失吸收功能而死掉。为培育壮苗和加快扦插苗生长，也可在扦插后期喷施叶面肥1~2次。当扦插苗长出5~7条根、根长3cm以上时即可定植。如选用智能化快繁苗床，插苗后一切交由计算机自动调控，直至生根移栽即可。

定植时，梯架式雾培一般建成底宽1m，斜面1.5m，上梯面0.4m的雾培梯架，梯架长短因温室尺寸而定。梯架间留出宽0.8m管理过道。定植板采用厚0.025cm的挤塑板作为定植板，开孔间距为0.3m×0.2m，对开孔较密的定植板（0.1m×0.15m规格的），可以隔孔定植。紫背天葵一次种植长期可摘茎叶收获，也较适合立柱栽培，立柱设为直径1.2m，高3m的六面体立柱。柱排列间距为2.5m×3m，因紫背天葵是较为耐阴的作物，如专业化栽培为提高产量可以适当加密排列。营养液采用华南农业大学叶菜类通用营养液配方：pH值为6.1~6.3；理论组配（mmol/L）为（NH_4^+-N）:（NO_3^--N）:P:K:Ca:Mg:S=1.0:7.0:0.74:4.74:2.0:1.0:2.0；配方的元素组配（换算成mg/L）为（NH_4^+-N）:（NO_3^--N）:P:K:Ca:Mg:S=14.01:98.07:22.92:185.33:80.16:24.31:64.12。定植前对根系进行漂洗，清洁根系黏附的基质，然后用电功能水进行消毒（喷酸水后立即喷碱水中和，以防药害）。把根系插入定植孔中用海绵或喷胶棉稍作固定即可。

2. 定植后的管理

紫背天葵耐热，怕霜冻，因此冬春低温季节（11月至翌年3月）注意温室保温。北方温室晚覆草帘，南方温室遇低温季可以实行营养液加温处理。夏秋季气温较高，可以采用遮阳涂料或遮阳网，并及时通风，降低棚内温湿度，减少病虫害发生，提高品质和产量。一般要求温室的温度保持在20~25℃，营养液的温度在15℃以上。

营养液管理方面，初定植时营养液可溶性离子浓度值为0.8~1.2ms/cm，随着生长渐渐提高至可溶性离子浓度值到2.0~2.5ms/cm。冬季甚至可以提高至可溶性离子浓度值到3ms/cm。紫背天葵作物耐肥性好，管理简单。pH值保持在6.5~6.8即可。

在环境条件适宜时，紫背天葵生长势强，生长较快，应注意及时剪除交叉枝和植株下部枯叶、老叶，并做到及时采收，促发侧枝，多发侧枝。另外，在修剪茎叶或采收时，注意不要让干枯老叶等杂物落进雾培槽，以防止污染营养液。一般定植后15~20d，苗高可达20cm左右，顶叶尚未展开时即可采收。采收时剪取长10~15cm、先端具5~6片嫩叶的嫩梢，基部留2~4片叶，以便萌生新的侧枝。以后每隔10~15d采收1次，常年采收，一般每667m²产量可达15 000~20 000kg。注意采收时要考虑剪取部位对腋芽萌发成枝方向的影响，防止将来枝条空间分布不合理，增加管理负担。紫背天葵气雾栽培，只要防虫网隔离良好，基本没有病虫害，可实现免农药高效生产。

第四章　不同光质对紫背天葵生长的影响

不同光质或波长的光具有明显不同的生物学效应，包括对植物的形态结构与化学组成、光合作用和器官生长发育的不同影响。红光一般表现出对植株的节间伸长抑制、促进分蘖以及增加叶绿素、类胡萝卜素、可溶性糖等物质的积累；蓝光能明显缩短蔬菜的节间距、促进蔬菜的横向伸展以及缩小叶面积，同时还能促进植株次生代谢产物的积累以及光合系统活性和光合电子传递能力；绿光一直是颇受争议的光质，部分学者认为其会抑制植株的生长，导致植株矮小并使蔬菜减产，但也有不少关于绿光对蔬菜起积极作用的研究见报；黄光基本上表现为对植株生长的抑制，并且由于不少研究者把黄光并入绿光中，所以关于黄光对植物生长发育影响的文献较少；紫外光一般更多地表现为对生物的杀伤作用，减少植物叶面积、抑制下胚轴伸长、降低光合作用和生产力，以及使植株更易受侵染，适当的增补紫外光可以促进花色苷以及类黄酮的合成，此外，紫外光还与蓝光影响植株细胞的伸长及非对称生长，从而影响植株的定向生长；远红光一般与红光配比使用，由于吸收红光与远红光的光敏色素结构问题，因而红光与远红光对植株的效果能相互转化相互抵消，在生长室内白色荧光灯为主要光源时用发光二极管补充远红光辐射（发射峰734nm），花色素苷、类胡萝卜素和叶绿素含量降低，而植株鲜重、干重、茎长、叶长和叶宽增加，补加远红光对生长的促进作用可能是由于叶面积增加而导致的对光吸收的增加。

因此，在用红光、蓝光及黄光等部分可见光单独或混合照射紫背天葵，以及用部分可见光结合紫外线辐射紫背天葵后，进行其生长过程中相关成分分析，研究结果对在不同时期和不同地域条件下，选取紫背天葵最佳生长环境具有很好的指导意义。

第一节　可见光处理对紫背天葵生长形态的影响

光质是指不同波长的光，波长决定光质。太阳光大部分是由 320~2 500 nm 波长的光组成，其中波长在 320~780nm 的光是人眼可以感知的可见光。

对于光自养植物而言，能被光合作用所利用的是波长在 400～700nm 的光，也被称为光合有效辐射。光合有效辐射不仅为光合作用提供能量，也是植物叶绿素合成和叶绿体发育的必要条件。光质对植物生长发育的调控是非常复杂的，光作为启动信号联合到植物体内的光接收器，通过植物体内信号物质的转导调控基因表达，从而引发植物内的各种生理反应。

研究紫背天葵，选取大小长势基本一致的植株移入人工气候室内，使用不同光质的发光二极管处理。人工气候室控制条件包括昼/夜时间为 16/8h、温度为 22～28℃、湿度为 65%。设置白光、红光、蓝光、黄光、红/蓝光（7∶2）和红/蓝/黄光（7∶2∶1）等 6 个处理，光强统一调整为 350mol/（m^2·s）。植株生长 60d 后，测定相关指标，进行光质对紫背天葵生长形态影响研究。

一、生长情况

红光通常是植物照明光谱中的基本构成因子，是最早被用于植物生长发育试验的光质。因红光波长接近光敏色素和叶绿素的最大吸收波长，所以单独的红光照射能够满足植物正常生长和光合作用的需求。有研究表明，红光能够促进植株茎的伸长，增大叶面积，提高生物量的积累等。然而不同波长的红光对植物的影响有很大的不同。与其他光源（荧光灯、混合光质的灯）相比，单独的红光照射会对植物造成一些不利的影响，如叶边缘向下卷曲、缺乏生长活力以及形态畸形等。蓝光波长范围是 400～500nm，是植物生长所需的重要光质之一，其作用仅次于红光。蓝光能够激活植物体内的隐花色素系统，并且满足叶绿素和类胡萝卜素的吸收光谱，从而增强植物的光合作用，提高植物生物量的积累。另外，使用蓝光灯照射能够增加植物中多酚、维生素、类胡萝卜素和花青素的含量，从而增加植物内抗氧化物质的含量，增强了自身的抗氧化系统，同时影响叶色。黄光的波长范围与红光波长接近，但二者对植物生长发育的影响却有显著的差异。黄光能够显著促进植物株高的增加，这与红光效应类似，但总体而言，黄光不利于多数植物的生长发育。除以上三种波长的光质之外，其他波长的光质对植物的生长发育也有不同程度的影响效果。有关单色光对植物生长发育的影响的研究较多。目前的研究结果表明，不同的植物对单色光的反应不尽相同，而混合光对植物的影响更为复杂，这是由于许多不同的响应之间有着复杂的相互作用，但不同的作物所适用的最优光质配比不同。

对紫背天葵研究表明，红光和黄光处理下的紫背天葵植株显著高于其他光质处理。黄光处理下的紫背天葵叶片正面绿色最浓，红蓝黄光处理下的叶片背面紫色最明显。紫背天葵株高的最大值和最小值分别出现在红光处理和蓝光处理。红光处理下的紫背天葵株高显著高于其他光质处理，分别比白光处理、蓝光处理、黄光处理、红蓝光处理和红蓝黄光处理高出 60.2%、170.1%、19.5%、69.5%和106.1%；红光处理下的紫背天葵茎粗分别比白光处理和蓝光处理增加了 11.6%和21.4%；红光处理下紫背天葵的叶长和叶宽分别比蓝光处理增加了 28.7%和63.5%；蓝光处理下的紫背天葵叶片数显著少于其他光质处理，分别比白光处理、红光处理、黄光处理、红蓝光处理和红蓝黄光处理减少了 16.7%、21.1%、11.8%、21.1%和9.6%。

二、地上部干物质积累量

作物的品质性状不仅受到自身遗传特性的影响，同时还受到外界诸多环境因子的影响。例如：光质、温度、水分等。其中光质对作物品质的影响是近年来研究的热点。作物的光形态建成、组织分化和形成都和光质息息相关。光合作用是高等自养植物维持生命的基础，其合成的碳水化合物是植物进行生长分化的起点物质。大量的试验结果证明，光质能够有效地调控植物碳氮代谢过程。光质对彩色甜椒生理特性及品质的影响研究表明，有色光处理均能显著提高维生素 C 的含量，蓝光处理最有利于蛋白质和游离氨基酸的合成，单色光可促进可滴定酸的积累；光质对草莓的品质研究表明，蓝光处理下的草莓果实中糖、可溶性固形物、抗坏血酸和可滴定酸含量均最高；此外，红光显著提高了豌豆苗中可溶性糖含量，但抑制了维生素 C 和蛋白质的合成和积累，蓝光处理则与此相反；有研究表明，光质通过影响可溶性糖含量而影响了作物中维生素 C 的含量。

就紫背天葵而言，与白光处理相比，红光处理下的紫背天葵干物质量积累显著增加，红蓝黄光处理略有减少，其他光质处理均显著减少了干物质的积累；和白光处理相比，蓝光处理的叶/茎的干重量比显著增加，增加了129.1%；红光处理显著降低了叶/茎的干重量比，而其他光质处理与白光处理相比无显著差异。

三、叶绿素含量

光质参与并调节植物叶绿体组织和叶绿素的形成。光合色素包括叶绿素a、叶绿素 b 和类胡萝卜素，其通过吸收并转换光能使植物进行光合作用。光合色素含量的多少直接影响到植物光合速率的快慢、强弱。有关光质对叶绿素含量影响的报道很多，但试验结果各有不同。对于不同的植物，同一种光质可能促进或抑制叶绿素的合成。不同光质调节叶绿素含量可能因植物种类、组织器官不同而不同。但总体而言，红光能够促进叶绿素 b 的合成，蓝光促进叶绿素 a 的合成，但两种单色光处理都降低了总叶绿素的含量。叶绿素含量的多少和光合作用的强弱并没有正相关的线性关系。光谱中的蓝色光能够保证叶绿体和叶片结构正常形成，同时阻止明显无效的光合作用。光质通过影响植物气孔发育、叶片生长、叶绿素合成等方面调控植物的光合作用。植物对光的吸收是具有选择性的，不同光质对植物光合作用的影响存在显著差异。研究表明，进行光合作用所吸收的光主要是红橙光和蓝紫光，也被称为有效光。与单色光处理相比，红蓝混合光对植物光合作用的促进效果更加明显。另外，光质可以通过影响气孔间接影响植物的光合作用。气孔是影响植物光合作用的重要结构，气孔的开关受到保卫细胞的调控。而光质可以通过改变碳水化合物、有机酸等物质浓度，来调控保卫细胞，从而实现对气孔开闭的调节。

在紫背天葵研究方面，蓝光处理下的紫背天葵叶绿素 a 和类胡萝卜素含量与白光相比无显著差异；而与白光处理相比，其他光质处理下的紫背天葵叶绿素含量均显著降低。关于光合参数方面，红蓝光和蓝光处理的紫背天葵的净光合速率、气孔导度和蒸腾速率均显著高于白光处理，其中红蓝光处理的净光合速率、气孔导度和蒸腾速率分别比白光增加了 26.3%、242.4% 和 65.3%；而黄光处理均显著低于白光处理。

四、次生代谢物质和可溶性糖含量

次生代谢产物是由次生代谢产生的一类细胞生命活动或植物生长发育正常运行的非必需的小分子有机化合物，其产生和分布通常有种属、器官、组织以及生长发育时期的特异性。这些次生代谢产物可分为苯丙素类、醌类、黄酮类、单宁类、类萜、甾体及其苷、生物碱七大类。还有人根据次生产物的生源途径分为酚类化合物、类萜类化合物、含氮化合物（如生物碱）等三大类，据报道每一大类的已知化合物都有数千种甚至数万种以上。次生代谢过程被认为是植物在长期进化中对生态环境适应的结果，它在处理植物与生态环境的关系中充当着重要的角色。许多植物在受到病原微生物的侵染后，产生并大量积累次生代谢产物，以增强自身的免疫力和抵抗力。植物次生代谢途径是高度分支的途径，这些途径在植物体内或细胞中并不全部开放，而是定位于某一器官、组织、细胞或细胞器中并受到独立的调控。它们是细胞生命活动或植物生长发育正常运行的非必需的小分子化合物，其产生和分布通常有种属、器官、组织以及生长发育时期的特异性。而可溶性糖如葡萄糖、蔗糖，在植物的生命周期中具有重要作用。它不仅为植物的生长发育提供能量和代谢中间产物，而且具有信号功能，它也是植物生长发育和基因表达的重要调节因子。在对植物进行调控时，它又与其他信号如植物激素组成复杂的信号网络体系。因此，可溶性糖对植物生长发育具有显著的调控作用，同时，在调控制过程中与植物激素和环境因子之间又存在相互关系。

在紫背天葵相关研究方面，与白光处理相比，蓝光处理、红蓝光处理和红蓝黄光处理下的紫背天葵总酚含量显著增加，分别比白光处理增加了13.6%、13.6%和68.2%，而黄光处理则显著降低；蓝光处理和红蓝黄光处理下的紫背天葵中类黄酮含量显著高于白光处理，分别高出26.5%和95.3%；与白光处理相比，红光处理、红蓝光处理和红蓝黄光处理下的紫背天葵花青素含量显著增加，分别提高了41.9%、35.5%和171.0%，而蓝光处理和黄光处理则显著降低，其中黄光处理最低；不同光质处理后的紫背天葵可溶性糖含量产生了显著差异。和白光处理相比，红光处理、蓝光处理、红蓝光处理和红蓝黄光处理下的紫背天葵可溶性糖含量均显著增加。其中，随着红光所占比例的增加，紫背天葵可溶性糖含量也随之增加，红蓝黄光处理、红蓝光处理和红光处理的紫背天葵可溶性糖含量分别比白光增加了13.1%、13.4%和16.8%，而黄光处理则显著降低。

五、花青素合成相关基因表达量

花青素是植物次生代谢物质，属类黄酮。花青素合成代谢途径始于苯丙氨酸，途径类黄酮代谢关键反应，最后进入各种花青素的合成与修饰。其中苯丙氨酸经过系列酶促反应生成4-香豆酰辅酶A过程是许多植物次生代谢所共有；而类黄酮代谢关键反应起始于4-香豆酰辅酶A，经过查尔酮合酶、查尔酮异构酶及黄烷酮3-羟化酶（或继续进行黄烷酮3'-羟化酶或黄烷酮3'5'-羟化酶反应）等酶促反应生成二氢黄酮醇（或进一步生成双氢槲皮素或二氢杨梅黄酮）；各种花青素的合成和修饰是植物根、茎、叶、花及果实等成色的最后关键因素，其过程是由二氢黄酮醇（或双氢槲皮素及二氢杨梅黄酮等）经由无色花色素到有色花色素，所涉及的酶包括二氢黄酮醇4-还原酶，花青素合成酶（也叫无色花青素双加氧酶）和类黄酮3-葡糖基转移酶（也称为尿嘧啶葡萄糖），如果最终需产生芍药花素苷元、矮牵牛素苷元或锦葵素苷元及其衍生物时还需转甲基酶参与。目前，关于花青素苷元种类及其生物合成途径已较为清楚，但不同植物中花青素苷元种类不同，其生物合成最后阶段所涉及的糖基化、甲基化、酰基化及羟基化等不同修饰过程中形成不同花青素存在差异。

　　紫背天葵所含的酚类物质，包括花色苷、黄酮及其他酚酸类均属天然抗氧化剂，在提高人体抗氧化能力方面具有重要的作用。蓝光会刺激苯丙烷途径物质的生物合成，从而增加花色苷、黄酮的积累。和白光相比，含有蓝光的处理均促进了紫背天葵次生代谢物质的合成，提高了总酚、类黄酮和花青素的含量。查尔酮合成酶和二氢黄酮4-还原酶是花青素合成途径中的关键，其中查尔酮合成酶基因受蓝光诱导后能够上调表达，从而增加花青素合成上游的前体，花青素含量也随之增加。另外，有研究表明蓝光能够促进生菜中花青素的合成。而在红光处理下该基因几乎没有表达，但紫背天葵花青素含量也显著高于白光处理，这说明红光增加花青素含量的机制与蓝光有所不同。其他植物相关研究结果表明，红光处理能够增加植物体内可溶性糖含量的积累，同时糖含量的增多能够刺激花青素的合成，因此，红光处理也能增加花青素含量。另外，不同处理之间二氢黄酮4-还原酶的表达量与花青素含量变化趋势基本一致，说明二氢黄酮4-还原酶的表达和光质紧密相关。相关研究表明，花青素的含量与可溶性糖含量、花青素合成的相关基因表达量均没有显著的相关性，这说明花青素含量的多少是有两者共同协调作用的结果，其共同作用机理有待深入研究。花青素的合成大多数是在植株受到生物和非生物胁迫时产生和积累的，因此，花青素与植物的抗逆性有紧密的关联。

第二节　不同光质结合紫外线辐射
对紫背天葵生长的影响

　　中波紫外线辐射对植物有许多直接和间接影响，包括DNA、蛋白质、细胞膜损伤，蒸腾作用和光合作用的改变以及生长发育和形态方面的变化。中波紫外线辐射对植物的生物学影响是一个融损伤、修复和适应于一体的联合效应。植物对中波紫外线的耐受性取决于各种损伤反应及修复和适应响应之间的平衡。适应响应，比如减少代谢效率或者使细胞产生应变，可能使植物的生产率下降以及出现一种明显的紫外线敏感性表型。因此，植物高度的降低至少在冠层帮助植株避免了中波紫外线辐射，但是，这也导致了中波紫外线辐射与光合有效辐射降低的交互作用。适应响应的表达是严格受到调控的。植物为了响应一个光生物学动力环境，对中波紫外线辐射适应的持续重复调整是必须的。比如，研究表明，紫萍植物在暴露于中波紫外线辐射一天的时间里，自由基清除活性增加，这是与中波紫外线耐受性相关的开始阶段，几天之后，自由基清除活性降低，虽然这时中波紫外线的耐受性仍然很高。增加的自由基清除活性可能是一个快速的中波紫外线防御响应，但这会被其他的机制例如紫外线吸收色素积累补充甚至代替。不同植物对中波紫外线辐射的敏感性不同，也因此在适应响应方面的可能变化表现不一致。

研究不同光质系统中加入同剂量高强度的中波紫外线辐射对紫背天葵生长及抗氧化系统的影响。在紫背天葵开始光质处理后的第 10 天进行高强度同剂量中波紫外线辐射处理，光照条件分别为：60%红光+30%蓝光+10%绿光；70%红光+20%蓝光+10%绿光；60%红光+20%蓝光+20%绿光。辐射强度（时间）为 1.29W/m² （30min），辐射进行 10d，每天辐射处理时间选在光周期的中间段（15：00—15：30）进行。随后，随机选取 6 株紫背天葵植株进行生物量测定，剩余的植株继续在无中波紫外线辐射条件下培养 10d 以观察植物的修复能力。

一、植株的生长

不同光质下紫背天葵在中波紫外线辐射期间（0~10d）的生长形态一致。在辐射处理的第 2 天，植株顶端新生叶片开始向上弯曲，已经展开的叶片由于蜡质层增厚其表面光泽度增加，叶片增厚。辐射处理至第 4 天，植株顶端叶片已经完全卷曲，已展开叶片表面颜色加深（紫红色，从第 4 天到第 10 天，植株生长基本停滞，植株形态没有发生较大变化。

植物形态的变化发生在生物量积累减少的条件下，这可能是由中波紫外线光受体触发的。叶片卷曲是一种光形态形成响应，这种现象在低剂量的中波紫外线辐射下观察到，它可帮助植物减少叶面积以应对紫外线辐射。叶片和表皮厚度的增加是通过增加中波紫外线屏蔽路径的长度起到保护作用。事实上，叶片增厚还伴随着叶绿素远离近轴表面的重新分布。中波紫外线辐射诱导了植物叶片形状的变化，这可能源于植物出现不一的生长抑制状态。由于中波紫外线干扰了吲哚乙酸的代谢，可能通过吲哚乙酸的光氧化导致激素的不平衡，最终导致形态发生改变。有研究认为植物形态指标的变化是由于中波紫外线辐射直接改变了植物体内的激素代谢水平所致。生长素本身在280nm 处有吸收峰，它的合成与分布自然会受中波紫外线辐射的影响。中波紫外线辐射增强可使生长素和赤霉素含量降低，而脱落酸含量则明显上升。

产生这一现象可能与中波紫外线辐射引起的光氧化及过氧化物酶活性提高从而降低了生长素含量，以及中波紫外线胁迫下促进类胡萝卜素光解产生黄质醛并最终形成脱落酸有关。脱落酸含量升高，导致叶片气孔关闭和游离脯氨酸的积累进而影响植物生长发育。生长素和赤霉素含量的减少，减缓了细胞分裂和伸长，导致植株矮化和叶面积变小，这有利于减少中波紫外线辐射对植物的伤害从而使植物适应中波紫外线辐射环境。需要指出的是，中波紫外线辐射所导致的上述现象并非均是伤害，有些甚至是正反应，即植物的适应性保护，如叶片卷曲、节间缩短、分枝增多和叶片变厚等。

解除中波紫外线辐射后，植株新生的叶片可以恢复正常。而经历中波紫外线辐射期间已展开的叶片完全卷曲，顶端新生叶片叶面积小、叶片增厚。此外，去除辐射后，新生展开叶片的光合色素含量及酚类含量已与辐射前相当。因此，紫背天葵在辐射强度为 $1.29W/m^2$ 和剂量为 $2.322kJ/(m^2 \cdot d)$ 时具有很好的修复能力。有研究指出，已经展开的叶片在辐射后修复能力低，但是新生植物叶片在辐射后具有显著的修复能力。中波紫外线辐射能诱导植物 DNA 损伤，使基因的表达受到影响，引起突变，生长抑制以及可能的死亡。在中波紫外线辐射期间，植株出现的生长抑制现象与 DNA 损伤没有得到及时修复有关。虽然中波紫外线辐射能诱导植物 DNA 损伤，但植物在长期对环境的适应过程中，也形成了多种自我保护机制。除了形成专门吸收中波紫外线的物质，减少辐射对 DNA 的直接伤害以外，还可以通过修复措施对损伤的 DNA 进行修复。解除中波紫外线辐射后，新生组织可以恢复到原来的样貌，这说明植株具有很好的自我修复能力。高等植物的 DNA 修复系统主要两类：光复活（光修复）和切补修复（暗修复）。中波紫外线损伤 DNA 的修复主要通过依赖于光的光复活过程。光复活过程本身能够被蓝光和长波紫外线有效地驱动。在拟南芥中，编码有光复活酶的转录物的积累在高光合有效辐射强度，蓝光和长波紫外线下增加，但是在红光和中波紫外线波段下没有此种效应。DNA 修复能力的增强是植物适应中波紫外线辐射的一个非常重要的方面。但是，在中波紫外线辐射期间，给植株以高强度的光合有效辐射，较高比例的蓝光或者一定剂量的长波紫外线辐射，可以在一定程度上增强植株的 DNA 修复能力。

二、生物量、光合参数及光合色素

相同辐射强度（$1.29W/m^2$）和剂量 $[2.322kJ/(m^2 \cdot d)]$ 下，不同光质处理对紫背天葵总生物量没有显著影响，但是根冠比和根系生物量在蓝光比例占30%时高于其他两个蓝光比例占20%的光质组。即在中波紫外线辐射条件下，蓝光比例的增加不利于植物地上部分生物量的积累，而一定程度上对根系生物量的积累有促进作用。

在光合参数研究方面，随着辐射时间增加，紫背天葵的光合速率呈现显著下降趋势，蒸腾速率及水分利用率也随着辐射时间的增加逐渐下降，处理后期，这种下降趋势已趋于平缓。不同光质条件下这些光合参数的变化不显著。有试验结果表明，紫外线辐射显著抑制大豆和小麦叶片净光合速率和蒸腾速率，但蒸腾速率的下降速度小于光合速率的下降速率，同时使得气孔导度降低，这与紫背天葵相关研究实验结果一致。由于紫外线辐射对作物光合作用的抑制效应远大于对蒸腾的抑制效应，从而使得紫背天葵水分利用效率下降。中波紫外线辐射降低蒸腾速率的原因是叶气孔阻力增加，叶片内水分势能降低致使汽化该水分所需要的能量增大。在中波紫外线辐射增强的环境下，许多植物均表现出光合速率降低，生产力下降。有研究认为，中波紫外线造成光合速率下降的原因是由于气孔阻力增大，增加气孔对外界环境，特别是大气湿度的敏感性，CO_2 的传导率降低，导致胞间 CO_2 浓度下降，从而影响 CO_2 的同化效率。

在光合色素相关研究方面，叶绿素 a，叶绿素 b 及总叶绿素在 0~4d 内均随着辐射时间的增加出现明显的下降趋势，叶绿素 a/b 在 0~4d 内没有明显的变化，从 4~10d 叶绿 a 和总叶绿素下降趋势趋于缓慢，叶绿素 b 含量有所上升，叶绿素 a/b 在 4~7d 内明显下降，之后未发生显著变化。类胡萝卜素含量在 0~7d 内明显下降，之后未发生显著变化。同剂量中波紫外线辐射条件下，不同光质对光合色素的影响不显著。光合色素是色素蛋白的复合物，蛋白质对中波紫外线的强烈吸收决定了光合色素对中波紫外线辐射损伤的敏感性。增强中波紫外线辐射，降低大多数植物叶绿素含量（包括叶绿素 a、叶绿素 b、总叶绿素和类胡萝卜素）。叶绿素含量的降低是由于叶绿素合成受阻，或降解增加，或是二者共同作用的结果。有研究发现随着辐射时间增加，叶绿素 a/b 比值降低是由于中波紫外线对叶绿素 b 的破坏作用小于叶绿素 a。叶绿素 b 降幅小于叶绿素 a 说明捕光色素系统未受到破坏，但是逐渐降低的叶绿素 a/b 比值说明类囊体垛叠结构受到破坏。

三、内源抗氧化剂、酚类及总抗氧化活性

在同一光质条件下，随着中波紫外线辐射时间增加，维生素 C 和谷胱甘肽含量显著下降。辐射前不同光质间维生素 C 和谷胱甘肽含量具有显著性差

异，60%红光+20%蓝光+20%绿光光质组的维生素 C 含量显著低于其他光质组，而 60%红光+30%蓝光+10%绿光光质组的谷胱甘肽含量显著高于其他光质组。这种光质间的差异趋势随着辐射时间的增加逐渐变小至消失。有报道植物细胞内源抗氧化物质抗坏血酸和类胡萝卜素的含量随紫外辐射胁迫时间的延长而下降。活性氧在调节中波紫外线损伤方面起到重要作用。通过酶促和非酶促体系清除活性氧和其他自由基能够缓解紫外线辐射胁迫。低剂量的中波紫外线辐射诱导了活性氧的清除能力，主要抗氧化剂谷胱甘肽和维生素 C 在响应中波紫外线的过程中上调。但是随着辐射时间增加，辐射量升高使得维生素 C 和谷胱甘肽含量减少，可能是由于光合速率下降、光合产物减少和代谢缓慢等引起，因为维生素 C 和谷胱甘肽的合成是以光合产物为底物的。

在同一光质条件下，随着中波紫外线辐射时间增加，花色苷含量有所增加，升高幅度显著低于总黄酮和总酚酸含量。而总黄酮和总酚酸含量从第 0~7 天急剧升高，第 7~10 天增加趋势变缓。总抗氧化活性在第 0~2 天变化不显著，但从第 2~7 天急剧升高，第 7~10 天升高趋势变缓。同辐射剂量中波紫外线条件下，不同光质间酚类及总抗氧化活性的变化趋势不显著。植物响应中波紫外线辐射最一致的方式是增加叶片中中波紫外线吸收物质的浓度。中波紫外线吸收物质确实在保护植物 DNA 和光系统 Ⅱ 免受中波紫外线辐射损伤方面起到重要作用。高等植物中中波紫外线吸收物质包含大量的苯丙烷类（酚类，吸收光谱在中波紫外线区），这些物质主要位于表皮细胞的液泡中。因此，中波紫外线吸收物质通过减少中波紫外线的表皮透射率以为叶肉中的靶点提供屏蔽保护作用。除了作为遮光剂外，清除活性氧是苯丙烷类物质对抗中波紫外线辐射的另一个防护作用。

中波紫外线辐射导致苯丙烷类物质积累的分子机理是：中波紫外光特异受体在中波紫外线反应中能特异地调控转录因子 HY5 基因的表达。染色质免疫共沉淀分析证明，中波紫外光特异受体的突变体在无中波紫外线辐射的情况下与野生型相比并没有差异，当遇中波紫外线辐射时，中波紫外光特异受体能特异地结合到染色质 HY5 基因启动子上，激活了转录因子 HY5 的表达，进而调控一系列基因的表达，如类黄酮合成过程中的一些酶类查尔酮合成酶、环丁烷嘧啶二聚体光裂合酶等。有研究指出，植物对中波紫外线的感知增加了一氧化氮的浓度，从而在清除活性氧以及上调 HY5、MYB12 和 ZmP 的表达量，最终导致苯丙烷生物合成途径的活化等两方面保护植物免受中波紫外线的损伤。因此，一氧化氮在受中波紫外线调控的苯丙烷类生物合成途径中起到关键作用。此外，中波紫外线诱导叶片中苯丙烷类和相关酚类的积累，作为抗食草动物的化合物，引起植物适口性改变最终导致较少的食草性昆虫以及昆虫生长率的降低。另外，分解作用可能会因植物次生代谢的改变而发生变化，以及在较高的中波紫外线辐射下，造成一些细菌和真菌的直接损伤影响分解。因此，中波紫外线辐射对亚细胞层的影响可以转化为对生态系统中高水平营养级的显著影响。

四、叶肉细胞超微结构

细胞是一个由细胞膜封闭的生物形态结构和生命活动的基本生命单元，内含一系列明确无误的互相分隔的反应腔室，这就是以细胞膜为界限的各种细胞器，是细胞代谢和细胞活力的形态支柱。在进化过程中，植物细胞形成了特有的结构，具有细胞壁、质体和液泡。在光学显微镜下可以观察到植物细胞的细胞壁、细胞质、细胞核、质体和液泡。运用特殊的染色方法或使用相差显微镜可以观察到线粒体。利用电子显微镜除可观察到上述结构外，还可以观察到质膜、内质网、高尔基体、核糖体等超微结构。细胞内的这种严格分隔保证各种细胞器分别进行着无数的生化反应，行使各自的独特功能，维持细胞和机体的生命活动。细胞器的改变是各种病变的基本组成部分。

对紫背天葵进行辐射后，与辐射前相比，高强度中波紫外线辐射处理后紫背天葵细胞膜发生褶皱，叶绿体与细胞壁分离。有关于其他植物相关研究指出：叶绿体超微结构中受中波紫外线辐射影响最大的是类囊体膜和嗜锇颗粒，中波紫外线辐射可能造成叶绿体类囊体片层紊乱、膨胀甚至模糊不清或基质外泄，同时嗜锇颗粒和淀粉粒体积变大（或变小），嗜锇颗粒的变化是由于中波紫外线辐射使活性氧增加，诱发叶绿体膜系统过氧化所致。然而，关于紫背天葵相关研究中并未发现这些现象，可能是对紫背天葵研究中所用中波紫外线辐射剂量较低的缘故。另一方面，酚类等中波紫外线屏蔽物及增厚的蜡质层均会在一定程度上缓解叶肉细胞中叶绿体组织的受伤害程度。

第三节　同光质结合不同剂量紫外线辐射对紫背天葵生长的影响

当中波紫外线辐射强度为 $1.29W/m^2$，剂量为 $2.322kJ/(m^2 \cdot d)$ 时，紫背天葵对辐射表现出很强的敏感性，光合作用下降，生长受到抑制。因此，降低中波紫外线辐射强度至 $0.79W/m^2$，辐射时间和辐射剂量分别为 0；

30min、1.422kJ/（m^2·d）和 60min、2.844kJ/（m^2·d），研究发光二极管光质条件 70%红光+20%蓝光+10%绿光，同样在紫背天葵植株开始光照处理后的第 10 天开始进行同强度不同辐射剂量的中波紫外线辐射处理，辐射进行10d，每天辐射处理时间选在光周期的中间段（15：00—16：00）进行。随后随机选取 6 株植株进行生物量测定。进行同光质结合不同辐射剂量紫外线下紫背天葵的生长相关研究，具体表现如下。

一、植株的生长

不同中波紫外线辐射剂量下紫背天葵的生长形态有明显不同。例如，辐射剂量 1.422kJ/（m^2·d）时，辐射进行后的第 4 天新生展开叶片开始向上卷曲，叶片颜色变为深紫色，从第 4 至第 10 天，顶端新生叶片生长缓慢，叶片颜色逐步加深，展开叶片未出现全部卷曲。而当辐射剂量为 2.844kJ/（m^2·d）时，辐射进行后的第 3 天新生展开叶片开始向上卷曲，叶片颜色变为深紫色。第 4 天新生展开叶片已经全部卷曲。从第 4 天至第 10 天，叶片颜色逐渐加深，顶端新生叶片生长受到抑制。

二、生物量、光合参数及光合色素

在生物量方面，中波紫外线辐射处理显著降低了植物的总生物量和根系生物量。但是植物的根冠比在未经历中波紫外线辐射处理和经过中波紫外线辐射处理的之间没有显著性差异。当中波紫外线辐射剂量从 1.422kJ/（m^2·d）增加到 2.844kJ/（m^2·d），植物总生物量和根系生物量没有发生显著变化。一些研究发现中波紫外线辐射会导致植物生物量积累减少，但是另一些研究中并未发现这种现象。出现这样相反的结果可能是由于方法学上的不同引起的，包括中波紫外线，光合有效辐射水平和与其他环境因子的相互作用。另外一个原因可能是不同物种的中波紫外线敏感性所致，比如生长在低纬度或高海拔的植物比生长在高纬度或低海拔的植物具有显著的适应能力。造成光合能力的下降是中波紫外线辐射引起植物产量和品质下降的主要原因。增强的中波紫外线辐射会使植物根系发育受阻。对黑麦草的研究中，增强中波紫外线辐射处理单株根条数（处理 54d 时）和单株根干重（处理 63d 时）分别下降 8.57%和 32.56%，根系生长受到显著抑制。植物地上部分，尤其叶片是接收中波紫外线辐射的主要器官，根系生长和生理活动的变化只是中波紫外线辐射间接作用的结果。中波紫外线辐射抑制植物地上部分光合物质生产以及光合产物向根系的运输分配，影响根系发育。

在光合参数方面，当辐射剂量下调至 0.79W/m² 时，光合速率也随着辐射时间的增加出现了下降的趋势，下降到一定值后，光合速率随着辐射时间的增加呈现平台期。0~2d 内光合速率的变化在不同处理间没有显著性差异，但是随着辐射时间的延长，与对照相比，中波紫外线辐射处理显著降低了植物的光合速率，且高辐射剂量对光合速率的降低量明显高于低辐射剂量。蒸腾速率在 0~3d 变化较小，随着辐射时间的增加（4~10d）出现了先降低后增加的趋势。0~3d 不同处理间蒸腾速率没有显著性差异，从第 4 天开始至第 7 天，与对照相比，中波紫外线辐射处理显著降低了植物的蒸腾速率，且高辐射剂量处理下的植物蒸腾速率显著低于低辐射剂量，第 8~10 天，不同辐射剂量处理下的植物蒸腾速率没有显著性差异。水分利用率随着辐射时间的增加逐渐下降。0~2d 不同处理间水分利用率没有显著性差异，从第 4~10 天，与对照相比，中波紫外线辐射处理显著降低了植物的水分利用率，且高辐射剂量处理下的植物水分利用率显著低于低辐射剂量。

在光合色素方面，中波紫外线辐射显著降低了植物叶绿素 a 含量。未经中波紫外线辐射处理的植物叶绿素 a 随着时间增加呈现增加的趋势，但是经过中波紫外线辐射处理（高和低辐射剂量）下的植物叶绿素 a 含量在 0~2d 内未出现较大变化，从 2~4d 出现显著下降趋势，而从 4~10d，低辐射和高辐射剂量下的植物叶绿素 a 含量趋势出现分歧，即低辐射剂量下的叶绿素 a 含量出现上升的趋势，而高辐射剂量下的叶绿素 a 含量继续缓慢下降。0~2d，叶绿素 b 含量在不同处理间没有显著性差异，2~4d，对照的叶绿素 b 含量呈现明显的上升趋势，而中波紫外线辐射处理下的植物呈现显著下降的趋势，4~10d，对照叶绿素 b 含量有所下降，低辐射剂量下的叶绿素 b 含量有所上升，而高辐射剂量下的叶绿素 b 含量基本维持不变。对照组类胡萝卜素含量随着时间的增加出现缓慢升高的趋势，而中波紫外线辐射处理组的类胡萝卜素含量随着辐射时间增加未出现显著变化。对照组和中波紫外线辐射处理组的叶绿素 a/b 比值随着时间的增加未出现明显的趋势，且对照组和处理组之间没有显著性差异。对照组和中波紫外线辐射处理组的总叶绿素含量随着时间增加的表现趋势与叶绿素 a 含量基本一致。总体来说，植株叶绿素含量在辐射处理的 0~2d 内变化与对照相比显著，2~4d 显著下降，之后维持不变或者有所上升。这与 1.29W/m² 强度中波紫外线辐射时的叶绿素表现趋势不同。低辐射剂量下叶绿素含量在辐射后期有所回升。

三、内源抗氧化剂

无辐射和中波紫外线辐射组维生素 C 含量在 0~7d 随着辐射时间增加呈现下降的趋势，7~10d，对照组维生素 C 含量有所上升，而中波紫外线辐射处理组持续下降。0~4d，对照组和中波紫外线辐射组维生素 C 含量没有显著性差异，4~7d，对照组和低辐射剂量处理组的维生素 C 含量没有显著性差异，而高辐射剂量处理组维生素 C 含量明显低于低辐射剂量处理组，7~10d，中波紫外线辐射处理组维生素 C 含量显著低于对照组，且低辐射剂量维生素 C 含量显著高于高辐射剂量组。对照组谷胱甘肽含量在 0~4d 随着时间增加呈现明显的下降趋势，4~10d 没有发生显著变化。中波紫外线辐射处理组在 0~10d 内随着辐射时间增加呈现明显下降趋势。与对照组相比，高辐射剂量处理组谷胱甘肽含量的下降幅度显著高于低辐射剂量组。0~4d 内，低辐射剂量组的谷胱甘肽含量与对照组无显著性差异，4~10d，低辐射剂量组的谷胱甘肽含量显著低于对照组。总体来说，中波紫外线辐射处理前期 (0~4d)，低辐射剂量 [1.422kJ/（$m^2 \cdot d$）] 与对照组的内源小分子抗氧化剂包括维生素 C 和谷胱甘肽的含量基本无显著性差异，而在处理后期与对照相比有较大差异，维生素 C 和谷胱甘肽含量随着辐射剂量的增加及辐射处理时间的加长显著下降。

四、酚类及总抗氧化活性

花色苷含量在 0~7d 内随着辐射时间的增加有上升趋势，且不同处理之间的花色苷含量没有显著性差异；从 7~10d，对照组花色苷含量继续上升，而中波紫外线辐射处理组的花色苷含量有所下降，高辐射剂量组的下降幅度显著高于低辐射剂量组。对照组总黄酮含量随着时间增加出现明显的变化，但与对照相比，中波紫外线辐射处理组显著增加了总黄酮的含量，随着辐射时间的增加，其呈现明显的升高趋势，且高辐射剂量组的升高幅度显著大于低辐射剂量组，在辐射处理后期，这种升高趋势逐渐趋于缓慢。酚酸含量以及总抗氧化活性在不同处理下随着辐射时间增加的表现趋势与总黄酮含量一致。总体来说，酚类次生代谢物中，对中波紫外线辐射响应最明显的是黄酮和酚酸类化合物，它们是很好的中波紫外线屏蔽剂。而花色苷类物质在中波紫外线辐射时似乎未起到中波紫外线屏蔽剂的作用。

总体来讲，对紫背天葵辐射相关研究中，在 1.29W/m^2 中波紫外线辐射强度、剂量为 2.322kJ/（$m^2 \cdot d$）条件下，或者在 0.79W/m^2 中波紫外线、剂量为 1.422kJ/ (m² · d) 和 2.844kJ/ (m² · d) 条件下，紫背天葵在辐射处理期间光合速率、叶绿素含量和内源抗氧化剂含量（维生素 C 和谷胱甘肽）均显著下降，酚类等次生代谢物明显升高。经过辐射处理后，植物出现了明显的生长抑制，植物生物量显著下降。在受控环境中，紫背天葵对中波紫外线辐射较为敏感。相比室外的中波紫外线辐射研究，室内紫背天葵对中波紫外线辐射的响应更大，因为室内造成了较高的中波紫外线/长波紫外线和长波紫外线/光合有效辐射比例，而此比例在决定紫背天葵对中波紫外线辐射的敏感性方面是非常重要的。紫背天葵相关研究在受控条件下进行，没有长波紫外线参与，光合有效辐射强度小于室外的光合有效辐射强度，因此，这是受控条件下紫背天葵对中波紫外线辐射条件敏感的最主要原因。但是它具有较好的恢复性，在辐射期间，它启动了一系列保护措施，比如酚类含量的急剧增加、顶端叶片的卷曲、加厚、蜡质层增加及叶面积变小等，以适应中波紫外线辐射条件。一旦中波紫外线辐射解除，新生植物叶片又恢复到了先前的形态。室内种植紫背天葵对中波紫外线辐射更为敏感，因此需要采取相应的措施来减轻这种状况。有研究表明，外源一氧化氮和较高 CO_2 供给能够减轻中波紫外线辐射对植物生长发育的影响。高光强处理过的植物比起未预处理的植物能够更好地适应中波紫外线辐射。比如，植物经历中波紫外线辐射时给予较高的光合有效辐射，允许光环境中通过一定比例的长波紫外线，降低中波紫外线/长波紫外线和中波紫外线/光合有效辐射比例；或者在光质条件中增加蓝光的比例，蓝光在 DNA 的光修复过程中有重要作用；或者在植物培养过程中加入适量的外源一氧化氮，因为增加一氧化氮的产量能够维持细胞内稳态和减弱中波紫外线引起的细胞损伤。

第五章 光环境及CO_2浓度对紫背天葵生长的影响

随着农业科学技术的进步，园艺作物的生产目标已经由原来的高产转变为优质高效。发光二极管光源具有低能耗、无污染的特点，是园艺作物工厂化生产的理想光源。选用新型高亮度低能耗发光二极管作为光源，构建不同组合不同比例的发光二极管光质模块区，采用植物生理生化相关分析技术，在密闭环境中开展了发光二极管光质、CO_2浓度和紫外线辐射等可控环境因素联用对紫背天葵生长特性及抗氧化成分的影响规律及作用机理研究，旨在探索受控环境中紫背天葵的最优化生长和抗氧化成分积累的综合环境条件，为工厂化高效生产优质紫背天葵提供理论依。

第一节 红蓝光质和CO_2浓度对紫背天葵复合应用

光质和CO_2浓度是植物进行光合作用时必不可少的两个基本条件，其改变对植物生长和代谢的影响非常重要。地球上对流层的平均二氧化碳浓度在过去的 150 年里一直在上升，官方预测它将在未来的 50 年内翻倍。这使得有关较高CO_2浓度对植物的生长和光合作用的影响方面的研究成为关注的焦点。由于 0.15%是大多数植物的CO_2饱和点，因此，当CO_2浓度升到 0.12%时，会造成光合作用在早期上升，植物生长和次生代谢物含量的增加。发光二极管光源具有能耗小、质量小、体积小、波长可控、低热辐射性及寿命长等优势，是园艺作物工厂化生产的理想光源。研究显示，不同比例的红蓝光能够显著影响植物的生长和发育，并调节植物的抗氧化剂含量。虽然有关光质和CO_2浓度单因子对植物生长发育的影响已进行了较多研究，然而目前将光质和CO_2浓度两个因子联合对植物的抗氧化能力研究较少。

一、生长情况

利用密闭受控植物舱作为试验平台，采用高亮度低能耗发光二极管灯作为培养光源，设置不同比例发光二极管光质模块区，控制高浓度的CO_2，以紫背天葵作为研究对象，一方面研究不同比例红蓝发光二极管光质和不同 CO_2 水平下紫背天葵生长和抗氧化系统的变化规律，另一方面了解紫背天葵对超高 CO_2 浓度的耐受程度，以及红蓝发光二极管光质在其中所起到的作用。

相关研究表明，较高 CO_2 浓度水平下紫背天葵的生物量没有显著差异，这与较高 CO_2 浓度能够增加植物生物量的理论不一致，原因可能是相关研究紫背天葵生长在有限体积的花盆中，环境因素限制使得紫背天葵的库需减少，从而使其对 CO_2 浓度升高的响应也降低，继而一定程度上降低了紫背天葵在高 CO_2 浓度下的光合作用，因此紫背天葵生物量并未在高 CO_2 浓度下升高。同时，长期超高 CO_2 浓度处理使得紫背天葵生长缓慢，叶片缺绿、甚至坏死症状出现。这些症状的出现可能是由于氮缺乏和淀粉在紫背天葵叶片细胞中大量积累，或是 CO_2 浓度升高促进乙烯的释放造成的。乙烯在密闭舱内的大量积累会导致植物叶绿素的减少并促进植物衰老。另外，植物生物量和叶面积在超高 CO_2 浓度下的降低也表明超高 CO_2 浓度不适合紫背天葵的正常生长。与光质条件相比，CO_2 浓度升高是影响植物形态的一个更有效因子。CO_2 浓度升高和光质条件对植物形态特征的交互作用不明显。而且，紫背天葵生物量对不同光质条件的响应在不同 CO_2 浓度下出现的趋势不一样。在对照和较高 CO_2 浓度下，85%红光+15%蓝光光质组与其他光质组相比生物量显著增加，但是超高 CO_2 浓度下的情况有所改变，85%红光+15%蓝光和70%红光+30%蓝光光质组的生物量没有差异。总的来说，与其他处理条件相比，对照和较高 CO_2 浓度下85%红光+15%蓝光光质条件是紫背天葵最适宜生长的环境。此外，超高 CO_2 浓度与较高 CO_2 浓度条件相比，植物生物量在70%红光+30%蓝光光质组（6.5%）的降低量低于85%红光+15%蓝光光质（34.6%），即超高 CO_2 对70%红光+30%蓝光光质组植物生长的影响小于85%红光+15%蓝光光质组。在同一光质条件下，叶绿素含量随着 CO_2 浓度的升高而降低，特别是在超高 CO_2 浓度下，这可能是由于植物在超高 CO_2 浓度下加速衰老使得植物叶片中的淀粉及花色苷和黄酮类成分大量积累，进而使得叶绿体内叶绿素的合成受阻或者叶绿素的分解加速导致的。类胡萝卜素含量随着 CO_2 浓度增加而降低的原因可能是高 CO_2 浓度下叶绿素含量和光合作用的降低导致植物不需要较多的类胡萝卜素去耗散多余的光能量进行光保护作用，这可能是光合系统的一种适应响应。此外，不论是在对照和较高甚至超高 CO_2 浓度下，植株在70%红光+30%蓝光光质组下总是比在85%红光+15%蓝光光质组下有较高的叶绿素含量，这是由于蓝光有利于叶绿体的发育和叶绿素的形成。由于叶绿体中的捕光叶绿素结合蛋白、叶绿素 a/b 结合蛋白基因等都可受到蓝光的刺激，蓝光可能是通过激活这些基因或蛋白，增强叶绿体的功能。

二、抗氧化酶活性

高 CO_2 浓度对超氧化物歧化酶、过氧化物酶、谷胱甘肽还原酶的活性和总抗氧化活性有显著的影响。在同一种光质条件下，超氧化物歧化酶活性随着 CO_2 浓度的增加持续升高，这与过氧化物酶活性发生的变化不同；同光质条件下，与对照 CO_2 浓度相比，过氧化物酶活性和总抗氧化活性在 CO_2 浓度为 0.15% 时没有明显差异，但是当 CO_2 浓度升高到 0.8% 时，其活性明显增加；谷胱甘肽还原酶活性随着 CO_2 浓度的升高逐渐增加。光质对过氧化物酶、谷胱甘肽还原酶活性和总抗氧化活性没有显著的影响，但是对超氧化物歧化酶活性具有明显的影响。CO_2 浓度升高和光质条件对超氧化物歧化酶、过氧化物酶活性和总抗氧化活性具有显著的交互作用。对照 CO_2 浓度下，85%红光+15%蓝光光质组的超氧化物歧化酶活性明显高于白光发光二极管和70%红光+30%蓝光光质组；较高 CO_2 浓度下，不同光质组的超氧化物歧化酶活性没有显著性差异，但是在超高 CO_2 浓度下，70%红光+30%蓝光光质组的超氧化物歧化酶活性显著低于85%红光+15%蓝光和白光发光二极管光质组。此外，在超高 CO_2 浓条件下，70%红光+30%蓝光组植物的超氧化物歧化酶、过氧化物酶、谷胱甘肽还原酶活性和总抗氧化活性都低于85%红光+15%蓝光组。

以上对紫背天葵抗氧化活性相关研究中，较高与对照 CO_2 浓度相比，过氧化物酶活性没有较大差异，而超氧化物歧化酶活性增加了，这是与较高 CO_2 下抗氧化系统会发生松弛的观念不一致。这个观念的提出是因为 CO_2 浓度的升高通过增加 pCO_2/pO_2 比率以及抑制了 C3 植物的光呼吸降低了细胞区室中 O_2 的活化和活性氧自由基种类的形成，这些效应的积累会引起植物细胞中抗氧防御系统的松弛。该理论认为，植物在短期到中期 CO_2 增加处理实验中已经适应了此种环境，并作出了相应的调整，这可能导致抗氧化剂含量的降低以及对抗氧化酶的合成或活化的需求减少，即较高 CO_2 浓度下植物的抗氧化酶活性会降低。但也有研究表明，较高 CO_2 浓度下抗氧化酶活性与对照 CO_2 浓度相比没有明显差异。这可能跟植物的生长环境及物种和酶本身的特异性有关。由于超氧化物歧化酶是细胞内最重要的酶类抗氧化剂，它广泛存在于亚细胞区室，超氧化物歧化酶被认为在植物的应激耐性方面是非常重要的，它是抵抗活性氧簇增加时产生有害效应的第一道防线。过氧化物酶主要存在于细胞内的过氧化酶体中，它的活性在老化的组织中较高而在幼嫩的组织中较低，主要防止植株体内代谢产物的毒害（如过氧化氢），防止叶绿素降解。植物在长期较高 CO_2 浓度下可能开始慢慢出现衰老的迹象，较多量的超氧自由基开始在叶片内积累，植物启动第一防线超氧化物歧化酶主要进行清除自由基的任务，过氧化物酶并未大量协同参与。另外，抗氧化酶超氧化物歧化酶、过氧化物酶、谷胱甘肽还原酶和总抗氧化活性在超高 CO_2 浓度下的急剧升高表明植物全面启动抗氧化防御系统以对抗 CO_2 胁迫，同时也说明紫背天葵在超高 CO_2 浓度下具有较好的抗 CO_2 胁迫能力。对紫背天葵相关研究中，谷胱甘肽还原酶活性随着 CO_2 浓度增加而增加，该结果说明在响应高 CO_2 浓度时一个最重要的酶确实是谷胱甘肽还原酶。高 CO_2 浓度下活性氧簇清除酶显著降低，而谷胱甘肽还原酶参与将氧化型谷胱甘肽还原成还原型谷胱甘肽，它的活性总在较高 CO_2 浓度下增加，这可能是由于辅酶 NADPH 在高 pCO_2/pO_2 比率时合成会增加导致的。在超高 CO_2 浓度条件下，70%红光+30%蓝光组植物的超氧化物歧化酶、过氧化物酶、谷胱甘肽还原酶活性和总抗氧化活性低于 85%红光+15%蓝光组。这说明超高 CO_2 浓度下，紫背天葵在 70%红光+30%蓝光光质组承受的氧化应激程度少于 85%红光+15%蓝光光质组。这似乎是与前面提到的蓝光增加能在一定程度上减轻超高 CO_2 浓度对植物生长的不利影响一致。

三、酚类抗氧化成分及其活性

CO_2 浓度升高对紫背天葵总花色苷、黄酮和酚酸含量及抗氧化活性具有极显著影响；CO_2 浓度升高和光质条件对它们的交互作用也是显著的。在同一 CO_2 浓度条件下，红蓝光质组合比白光能够积累更多的酚类抗氧化剂。在同一光质条件下（白光除外），花色苷含量会随着 CO_2 浓度的升高持续增加，并且在任何 CO_2 浓度下，与其他光质组相比，70%红光+30%蓝光组均具有更多的花色苷含量。在这里，CO_2 浓度的升高降低了白光光质组的花色苷含量，这是与红蓝光组合光质条件相反的。在同一光质条件下，当 CO_2 浓度升高至 0.15%时，总酚酸含量有所增加，而当 CO_2 浓度增加 0.8%时，这种增加趋势并未像总花色苷和总黄酮含量一样继续升高，反而有所下降。在对照和超高 CO_2 浓度下，光质之间的总酚酸含量没有显著性差异，而在较高 CO_2 浓度下，85%红光+15%蓝光光质组的总酚酸含量显著高于白光和 70%红光+30%蓝光组。CO_2 浓度升高极显著地影响了总黄酮含量。在同一光质条件下，总黄酮

含量均随着 CO_2 浓度的升高显著增加；在对照 CO_2 浓度条件下，各光质条件下总黄酮含量变化较小。然而，在较高 CO_2 浓度水平下，总黄酮含量在 70% 红光+30% 蓝光光质条件下最高，但是这种情况在超高 CO_2 浓度水平时发生了改变，即在 85% 红光+15% 蓝光光质组总黄酮含量最高。在同一光质条件下，随着 CO_2 浓度的增加抗氧化活性升高；70% 红光+30% 蓝光光质在对照和较高 CO_2 浓度条件下抗氧化活性最高，但是在超高 CO_2 浓度条件下，情况发生改变，85% 红光+15% 蓝光光质组抗氧化活性最高。

保护植物免受外界环境因子伤害的次生代谢产物对人类的健康是非常重要的。一般在高 CO_2 浓度下生长的植物将会含有大量的类黄酮等次生代谢产物，因为地球大气中 CO_2 浓度一般低于大多数植物的 CO_2 饱和点。与对照大气 CO_2 浓度相比，较高和超高 CO_2 水平升高了紫背天葵叶子中花色苷，总酚酸和总黄酮的积累，特别是黄酮类化合物含量，它明显地高于对照 CO_2 浓度中的含量，这可能主要是 CO_2 浓度升高对苯丙烷类途径的刺激作用造成的。这一方面说明了高 CO_2 浓度确实增加了基于碳的次生代谢物的积累，另一方面也说明黄酮类化合物是紫背天葵响应 CO_2 浓度升高的主要次生代谢物。值得注意的是，黄酮类化合物的大量增加能够延长植物衰老细胞的生存能力。

有研究表明，碳的可用性和营养之间的平衡是基于碳的次生代谢产物生物合成基因表达的首要决定因素。在紫背天葵相关研究中，蓝光比例的增加（70% 红光+30% 蓝光）有益于花色苷（在相同 CO_2 条件下）和总黄酮（在对照和较高 CO_2 条件下）的积累。早期有研究也表明蓝光比例的增加能够促进樱桃番茄中番茄红素和黄酮类化合物的积累。花色苷和黄酮的含量的变化至少可以部分解释为，蓝光对苯丙烷类途径的刺激作用，特别是蓝光对一些主要酶苯丙氨酸氨裂解酶、查尔酮合成酶和二氢黄酮醇-4-还原酶活性的刺激作用及其相关基因表达的上调均可能造成花色苷和黄酮类化合物含量的增加。然而在超高 CO_2 下与 70% 红光+30% 蓝光光质处理组相比，85% 红光+15% 蓝光光质组的总黄酮含量变化不同于对照和较高 CO_2 浓度水平。这可能是由于 85% 红光+15% 蓝光组植物与 70% 红光+30% 蓝光组相比在超高 CO_2 浓度下遭受了较严重的 CO_2 胁迫，且 85% 红光+15% 蓝光组植物与 70% 红光+30% 蓝光组相比，低的超氧化物歧化酶、过氧化物酶、谷胱甘肽还原酶活性和总抗氧化活性也说明了这一点。

四、可溶性糖和淀粉

CO_2 浓度对紫背天葵叶片中可溶性糖和淀粉的含量有显著影响，光质条件对可溶性糖的影响没有显著性差异，而淀粉与此相反。在同一光质条件下，CO_2浓度升高使得可溶性糖含量显著增加。在对照和较高 CO_2 浓度下，叶片淀粉含量没有显著性差异，但是当 CO_2 浓度升高至 0.8%时，淀粉含量急剧上升，大约增加了将近 3 倍。对照 CO_2 浓度下，85%红光+15%蓝光光质组的淀粉含量显著高于其他光质组，白光和 70%红光+30%蓝光质组的淀粉含量差异不显著；较高 CO_2 浓度下，70%红光+30%蓝光质组的淀粉含量显著低于其他光质组，白光和 85%红光+15%蓝光光质组的淀粉含量没有显著性差异；超高 CO_2 浓度下，85%红光+15%蓝光光质组的淀粉含量最高。在一定范围内，任何一种 CO_2 浓度下，70%红光+30%蓝光光质组的淀粉含量始终低于 85%红光+15%蓝光光质组。

相关研究表明，CO_2 浓度升高会引起紫背天葵组织中非结构性碳水化合物浓度增加。有关其他植物相关研究表明，高 CO_2 浓度下碳化合物的大量积累会引起光合反馈抑制效应，这是由于淀粉在叶肉细胞中的大量积累会通过引起类囊体膜的变形妨碍光的通过及 CO_2 的扩散导致 CO_2 的同化率降低。值得注意的是，可溶性糖和淀粉在不同 CO_2 浓度下的变化趋势并不是一致的，与对照 CO_2 浓度相比，较高 CO_2 浓度增加了可溶性糖的含量而淀粉的积累并未出现较明显的变化，可溶性糖含量在超高 CO_2 浓度下进一步增加，而淀粉含量突然在超高 CO_2 浓度下急剧上升，这说明超高 CO_2 浓度显著刺激了淀粉的合成积累，这是与较高 CO_2 浓度下的情形不一致的，因此，植物组织中碳水化合物的代谢变化取决于 CO_2 浓度水平。在同一 CO_2 浓度下，在紫背天葵相关研究中，85%红光+15%蓝光与 70%红光+30%蓝光相比总是具有较高的淀粉含量，这是由于红光能够抑制植物叶片中光合产物输出以使淀粉积累，但是蓝光的作用相反。红光对碳代谢的促进作用在很大程度上也与红光对核酮糖二磷酸羧化酶和淀粉酶等光合作用碳循环中关键酶的形成和活性的调节作用有关。有关蓝光处理的水稻幼苗碳水化合物的含量降低，这一现象可能的原因是蓝光更能促进呼吸作用所致。蓝光处理的幼苗呼吸作用加强，酵解途径的调节酶之一丙酮酸激酶活性受蓝光促进。因此，蓝光的增加能够降低由于 CO_2 浓度升高造成的淀粉在植物叶片细胞中的积累，因此减少超高 CO_2 浓度对植物造成的有害应激效应。因此，蓝光的增加能够补偿高 CO_2 浓度时发生的光合反馈抑制作用，进而在一定程度上缓解超高 CO_2 浓度下植物的衰老进程。

五、总氮和硝态氮代谢

对紫背天葵相关研究表明，CO_2 浓度和光质条件对植物叶片总氮及硝态氮含量具有显著性影响，同一光质条件下，随着 CO_2 浓度升高，总氮和硝态氮含量均呈现先增加后降低的趋势。而与对照和较高 CO_2 浓度相比，超高 CO_2 浓度（0.8%）显著降低了叶片中总氮含量。不同 CO_2 浓度下，光质对它们的影响没有表现出明显的趋势。在同一 CO_2 浓度下，总氮/硝态氮的比值在 70% 红光+30% 蓝光光质组总是高于 85% 红光+15% 蓝光光质组。在同一光质条件下，总氮/硝态氮的比值基本上随着 CO_2 浓度升高出现下降的趋势。

超高 CO_2 浓度下氮含量降低可能是由于植物生长后期低的氮吸收能力造成的。也可能是由于高浓度 CO_2 降低气孔导度导致蒸腾速率的下降，从而引起根部 N 向上运输量下降造成的。此外，有研究表明硝酸根离子的吸收不仅由蒸腾速率控制，它还受硝酸根离子载体的活性管控，而此载体的活性会在较高 CO_2 浓度下增加，而在超高 CO_2 浓度下被抑制，这可能是本研究中总氮含量在较高 CO_2 浓度下升高而在超高 CO_2 浓度下降低的主要原因，这也说明不同 CO_2 浓度下植物中氮含量的变化是与根系吸收硝酸根离子的变化相关的。CO_2 浓度升高条件下植物生长速度的加快增大了植物对矿质养分的需求，进而导致植物对无机氮吸收和同化需求的提高，这可能是硝酸根离子载体的活性在较高 CO_2 浓度下升高的原因。而超高 CO_2 浓度下由于 CO_2 胁迫造成根际有机分泌物的变化可能导致了硝酸根离子载体活性降低。总氮/硝态氮的比值可以作为一种间接的反应氮同化能力的手段，关于紫背天葵相关研究结果说明，CO_2 浓度升高降低了氮的同化能力，但是蓝光比例的增加有利于氮的同化能力。CO_2 浓度升高导致净光合速率的增加必然引起碳同化产物增加，这意味着可以为氮同化过程提供更多的碳骨架。再者也意味着呼吸作用底物的增多，为氮代谢提供更多的代谢中间产物和能量。但同时也有可能会加剧与氮代谢对同化力的竞争，改变相关的氮代谢过程。植物利用的氮源一般可分为硝态氮和氨态氮两种。植物可以直接吸收氨态氮，也可以在吸收硝态氮后将其还原成氨态氮，然后被同化成氨基酸再参与体内的各种代谢生理活动。这个过程被称为植物的初级氮同化；在光呼吸过程中，一部分 1，5-二磷酸核酮糖被分解，释放出 CO_2 和氨，由于游离氨的积累会对细胞造成毒害作用，因此光呼吸产生的氨必须被重新同化，这就是光呼吸氨的重新同化；另外，植物为了尽可能有效利用氮素，必须循环利用各种分解代谢过程中所释放的氨离子，这被称之为循环氨同化。叶子是植物进行氮同化的主要部位，光合作用决定氮素同化所需要的能量、还原力以及碳骨架，而呼吸作用则是碳骨架的直接来源，光呼吸所同化的氮是初级氮同化的 10 倍。由于大气中 CO_2 浓度升高不可避免地增加了植物胞间及叶绿体中的 CO_2 浓度，对光呼吸过程产生了明显的抑制，进而导致植株氮同化能力的减弱。蓝光可以明显促进氮的同化能力，这与其硝酸还原酶活性增加和呼吸作用较强密切有关，前者为有机含氮化合物的合成提供了较多的可同化态的氨源，而呼吸作用产生的有机酸为有机含氮化合物合成提供了充分的碳架。有研究表明，蓝光可显著促进线粒体的暗呼吸，酵解途径调节酶之一的丙酮酸激酶及三羧酸循环中的许多酶受蓝光调节。因此，高 CO_2 浓度降低了或蓝光加强了氮同化能力都与植株的呼吸作用相关。

六、营养元素

关于紫背天葵营养元素相关研究方面，CO_2 浓度升高对植株体内 Ca、Zn 和 Mn 等元素含量有显著影响，而对 Cu 和 Fe 元素影响不大。光质处理方面，Ca 和 Fe 元素在不同光质之间差异不明显，而光质对其他元素有显著性影响，但未呈现出具体的趋势。同一光质条件下，CO_2 浓度升高显著增加了 Ca 元素在植株体内的含量。当 CO_2 浓度升高至 0.15% 时，Zn 元素含量与对照 CO_2 浓度相比没有显著性差异，但 CO_2 浓度升高到 0.8% 显著降低了 Zn 元素的含量。

CO_2 浓度对紫背天葵 Ca 元素的影响与其他元素相比最为明显，Ca 元素含量随 CO_2 浓度升高而增加，由于 Ca 离子在调节细胞信号转导方面起到重要作用，特别是植物在适应环境应激方面。因此，Ca 离子的增加表明植物在经历高 CO_2 浓度时会启动一些可能的离子通道以使其更好地适应环境的变化。其他微量元素在不同光质和 CO_2 浓度条件下未出现较为一致增加或者下降的趋势。然而从总体上看，以前的研究表明，CO_2 浓度升高使农作物微量元素含量总体上呈下降趋势。这其中的原因可能是多方面的，到目前为止还没有明确的解释。微量元素在人体的新陈代谢过程中起着重要的调控作用，由于它们不能在代谢过程中分解和合成，必须从外界摄入，所以显得更为重要。CO_2 浓度升高情况下，人体如果要获得足够的微量元素，就要加大食品摄入量，这也就意味着会增加多余热量的摄入。因此，通过其他措施来保证高 CO_2 浓度条件下植株中微量元素的含量是非常重要的。

第二节 优化红蓝光质和 CO_2 浓度调控紫背天葵生长

紫背天葵含有丰富的次生代谢产物，除了酚类物质外，还含有大量的萜烯类挥发油。目前很多研究表明，酚类（花色苷、类黄酮及酚酸类）具有很好的抗氧化活性，而萜烯类（主要成分为石竹烯），具有抗菌、消炎、抗癌、抗氧化及局部麻醉活性。最近的研究表明，石竹烯是一种可食用大麻素，是食物中存在的一种非精神性的大麻素受体激动剂。该食用大麻素与经典大麻素的结构不一样，不具有任何精神副作用，且能够保护大脑细胞免受缺血带来的损伤。由于它在不同疾病组织中有活化大麻素 II 型受体的作用，因此，在临床治疗上有比较广泛的应用。因此，在保证植物生物量积累不受影响的同时，提高植物中这些有益活性成分是很有必要的。这些化合物的质量及含量均会受到环境因素的影响，且其生物活性化合物因 CO_2 浓度及光照条件改变发生的任何变化均具有重要的产业化和生态意义。

在对紫背天葵酚类抗氧化成分研究的基础上，对发光二极管光质和 CO_2 浓度条件进行了优化。考虑蓝光比例在 15% ~ 30% 可能存在一个蓝光饱和点（即酚类物质含量不再随着蓝光比例增加而升高），再加上基于植株生物量积累量的考虑，因此将前期研究基础上的蓝光比例从 15% 增加到 20%；其次，这一饱和点也可能存在 30% 以后，因此将 30% 的蓝光比例提高到 40%。因为如果酚类含量继续增加，且其增加的速率大于植株生物量积累减少的速度，那么有可能其次生代谢物的平均产量（综合考虑了植株生物量和次生代谢物的含量）则高于低蓝光比例光质下的平均产量。此外，CO_2 浓度在 0.15%（较高水平）时，紫背天葵植株生长良好，且酚类抗氧化成分含量显著提高，因此，考虑将 CO_2 浓度在较高水平左右设置不同梯度。同时考察紫背天葵酚类和萜烯类挥发油等次生代谢产物处于不同光质和 CO_2 浓度复合环境条件下的响应情况。

一、生长情况

在同一 CO_2 浓度下，红蓝光质组合总是比白光光质组具有较高的总生物量和根冠比，且 80% 红光 +20% 蓝光光质组在较高 CO_2 浓度条件下总是比 60% 红光 +40% 蓝光光质组具有较高的总生物量，而根冠比无显著性差异。除了白光光质组外，在同一光质条件下，CO_2 浓度升高（0.12%）增加了植物的根冠比，且 CO_2 浓度继续升高（0.2%）根冠比变化较小，与之前相比没有显著性差异。在红蓝组合光质条件下（80% 红光 +20% 蓝光和 60% 红光 +40% 蓝光），CO_2 浓度升高显著增加了植株根系生物量，而在白光条件下，植株根系生物量在不同 CO_2 浓度之间无显著性差异。在同一 CO_2 浓度下，红蓝组合光质的根系生物量总是显著高于白光对照组。较高 CO_2 浓度下，80% 红光 +20% 蓝光光质组处理的植株与 60% 红光 +40% 蓝光组相比具有较高的根系生物量，但是在对照 CO_2 浓度下，它们的根系生物量没有显著性差异。植株总生物量在不同 CO_2 浓度无显著性差异，但是根冠比和根系生物量有显著性差异；不同光质条件对植株总生物量、根冠比和根系生物量具有显著性影响；CO_2 浓度和光质条件对植株总生物量、根冠比和根系生物量均无交互作用。

  紫背天葵生长环境在 CO_2 浓度升高到 0.2% 和蓝光比例增加到 40% 均不利于光合色素的合成积累，同时下降了其光合速率。一般来讲，CO_2 浓度升高至较高水平，由于较多的可用碳源会使光合速率升高，叶片光合色素含量增加，但是当 CO_2 浓度继续升高，植株叶片可能会产生一定的"光合适应"现象，即光合效率不再增加甚至下降，那么由于叶片光合速率降低，也就不需要较多的光合色素进行光合反应，即光合色素在这种情况下可能会发生一定量的分解。虽然蓝光有利于叶片叶绿体的构成和发育，但是蓝光属于高能量的光量子，比例太高对植株叶片会造成一定的氧化应激，因为这时叶片无法对过多的能量进行光化学淬灭。那么这可能是紫背天葵在 60% 红光+40% 蓝光光质组的总生物量、叶绿素含量及光合速率低 80% 红光+20% 蓝光光质组的主要原因。相同 CO_2 浓度下，红蓝组合光质组的总生物量高于白光发光二极管组，但是其叶绿素和类胡萝卜素含量却显著低于白光发光二极管组；对照和 0.2% CO_2 浓度下，紫背天葵的光合速率在不同光质组没有显著性差异，而 0.12% CO_2 浓度下，白光发光二极管光质组的光合速率低于 80% 红光+20% 蓝光组；这些说明叶绿素含量高的光质组光合速率和生物量的积累量不一定高，而且可能会出现相反的情况，光合速率的高低也不能很直接的反应生物量积累的多少。出现这种情况的可能原因是 CO_2 浓度升高一定程度上会导致紫背天葵在整个生长期内的生理年龄与对照 CO_2 浓度下不一致，在不同的生长期，紫背天葵的叶绿素含量、光合速率和生物量积累量在不同光质和 CO_2 浓度下的变化趋势会不一样。此外，与对照相比，水分利用率在 0.12% CO_2 水平下水分利用率的提高并不是由于气孔导度和蒸腾速率的降低，而是由于光合速率的增加导致。CO_2 浓度升高至 0.2%，并没有增加植株的气孔导度和蒸腾速率，但 CO_2 浓度升高至 0.2% 时，植株的气孔导度和蒸腾速率与对照 CO_2 浓度下的植株相比显著提高，水分利用率显著下降。这似乎与较高 CO_2 浓度下植物气孔导度降低、蒸腾速率下降、水分利用率提高的一般理论不一致的，这可能与不同物种对较高 CO_2 水平的感应范围不一致以及其他的环境因子比如紫背天葵的生长空间受限等相关。总体来讲，当 CO_2 浓度在 0.15% 和蓝光比例在 30% 左右比较有利于植物光合色素的生成。同时，

CO_2 浓度升高至 0.2% 显著降低了植物的光合速率及水分利用率，加上 80% 红光+20% 蓝光光质组与其他组相比在 CO_2 浓度为 0.12% 时具有较高的光合速率。因此，当 CO_2 浓度在 0.12%~0.2%，蓝光比例在 15%~20% 可以促进植物生长，使紫背天葵更好积累生物量发挥高光效的较佳条件。

二、光合色素及光合参数

CO_2 浓度对紫背天葵总叶绿素、类胡萝卜素、叶绿素 a 和叶绿素 b 具有显著性影响，但是叶绿素 a/b 比值在不同 CO_2 浓度下没有显著性差异；叶绿素 a/b 及叶绿素 b 在不同光质条件下没有显著性差异，但是总叶绿素、类胡萝卜素、叶绿素 a 与其相反；除叶绿素 a 外，CO_2 浓度和光质条件对光合色素含量没有交互作用。在相同光质条件下，0.045% 和 0.12% CO_2 浓度下的总叶绿素、类胡萝卜素及叶绿素 b 没有显著性差异，而当 CO_2 浓度升高至 0.2% 时，它们的含量均呈现下降的趋势；而叶绿素 a 在 CO_2 浓度升高的过程中呈现出先增加后降低的趋势。在同一 CO_2 浓度下，红蓝发光二极管组合光质条件下的总叶绿素以及叶绿素 b 含量与白光组相当（0.045% CO_2 浓度）或者低于白光组（较高 CO_2 浓度下），叶绿素 a 和类胡萝卜素含量基本上总是低于白光组；在红蓝光质组合条件下，蓝光增加到 40% 并不能增加光合色素的含量，反而有下降的趋势。

0.045% 和 0.2% CO_2 浓度下，各光质间紫背天葵的光合速率没有显著性差异，但是在 CO_2 浓度为 0.12% 时，80% 红光+20% 蓝光光质组的光合速率高于 60% 红光+40% 蓝光和白光组，而 60% 红光+40% 蓝光和白光组的光合速率没有显著性差异。在同一光质条件下，光合速率和水分利用率随着 CO_2 浓度升高呈现出先增加后下降的趋势；而蒸腾速率和气孔导度在一般和较高 CO_2（0.12%）浓度下没有显著性差异，当 CO_2 浓度升高到 0.2% 显著增加了植物的蒸腾速率和气孔导度。在同一 CO_2 浓度条件下，白光下的蒸腾速率和气孔导度低于红蓝光质组合，而水分利用率刚好与之相反，但是它们在 80% 红光+20% 蓝光和 60% 红光+40% 蓝光光质组间没有显著性差异。总的来说，红蓝光质系统中，植物在较高 CO_2 水平和 80% 红光+20% 蓝光光质下获得较高的光合速率；蓝光比例增加到 40% 不利于植物发挥高光效作用。光合参数（包括蒸腾速率、气孔导度、光合速率及水分利用率）在不同 CO_2 浓度和光质条件下具有显著性差异；而 CO_2 浓度和光质条件对除了水分利用率外的光合参数无显著性交互作用。

三、酚类抗氧化成分

在可控环境中，不同处理条件下紫背天葵叶片中酚类物质含量的变化有显著性差异。在 0.045% CO_2 浓度下，花色苷含量在白光组中低于不同比例红蓝光质组合。随着 CO_2 浓度升高至 0.12%，所有光质组花色苷含量增加，但是 CO_2 浓度继续升高至 0.2% 时，花色苷含量并未继续增加，反而有所降低。在 0.045% CO_2 浓度条件下，所有光质处理组总黄酮含量低于白光光质，当 CO_2 浓度升至 0.12% 时，所有光质组总黄酮含量增加，但是 CO_2 浓度继续升高至 0.2% 时，总黄酮含量有所降低。总抗氧化活性在不同处理条件下的趋势与总黄酮基本一致，仅在 0.12% CO_2 浓度下，80%红光+20%蓝光光质组抗氧化活性高于其他光质。在 0.045% CO_2 浓度下，白光组总酚酸含量低于其他光质组合，说明红蓝光组合光质组促进了紫背天葵叶片中酚酸的积累使，随着 CO_2 浓度升高至 0.12%，所有光质组总酚酸含量增加，当 CO_2 浓度升高至 0.2% 时，所有光质组总酚酸含量继续增加。总的来说，受控环境中，CO_2 浓度和光质条件均对酚类及抗氧化活性有显著影响。与低浓度 CO_2 相比，CO_2 浓度升高增加了总花色苷、总黄酮和总酚酸的积累，但是 CO_2 浓度继续升高并不会持续增加其积累，相反酚类含量变化较小甚至降低了。所有 CO_2 浓度下，红蓝光质组合下的花色苷、总黄酮和总酚酸含量高于白光组，但蓝光比例增加到 40% 时并不能进一步促进积累。在类黄酮糖基转移酶活性方面：CO_2 浓度和光质条件对该酶活具有显著性影响。在同一光质条件下，CO_2 浓度升高使得类黄酮糖基转移酶呈现先急剧升高后显著下降的趋势；在 0.045% 和 0.2% CO_2 浓度下，蓝光增加到 40% 与白光和 80%红光+20%蓝光组相比显著提高了黄酮糖基转移酶活性，白光光质和 80%红光+20%蓝光光质组的酶活性没有显著性差异。而在 CO_2 浓度为 0.12% 时，蓝光为 20% 和 40% 时的类黄酮糖基转移酶无显著性差异，但是它们的酶活性还是显著高于白光组。类黄酮糖基转移酶是花色苷生物合成路径中的关键酶，CO_2 浓度升高和蓝光均是其有效的刺激因素，但是当 CO_2 浓度升高至一定程度后，这种刺激作用则不复存在，甚至转变为抑制作用。这也是为什么较高 CO_2 浓度（0.12%）和蓝光能够使植物积累较多花色苷，而当 CO_2 浓度升高至 0.2% 时，花色苷含量反而有所下降的根本原因。

CO_2 浓度升高确实增加了植物叶片中酚类物质的积累，但是当 CO_2 浓度升高到 0.2% 时，酚类物质的含量并未进一步增加，这可能是酚类物质在较高 CO_2 浓度范围内会出现一个平台期，而当 CO_2 浓度升高至 0.8% 时，一些酚类物质的急剧升高是为了在植物受到 CO_2 胁迫时以清除过量的活性氧，延迟植物细胞的死亡。因此，酚类物质代谢与 CO_2 水平密切相关。受控环境中对照 CO_2 浓度下植物的酚类物质含量低于温室中采集的对照植物，尽管其 CO_2 浓度水平相当，可能的原因是植物生长空间有限，且受控环境中植物未受到任何非生物或生物形式的胁迫。同样的，蓝光比例升高到 40% 也并未进一步增加酚类化合物的含量，蓝光对苯丙烷类途径中一些相关基因表达的上调作用可能仅在一定比例内有效，当蓝光比例超出此饱和范围后，酚类化合物的含量不再继续增加。因此，当 CO_2 浓度在较高水平（0.12%～0.2%）时，蓝光比例 20%～30% 是受控环境中提高紫背天葵酚类次生代谢物的较优条件。

四、挥发油类成分

1. 叶片中挥发油

CO_2 浓度升高能够刺激紫背天葵酚类物质的积累，但是萜烯类物质却出现相反的结果。有研究指出，较高 CO_2 浓度和一些应激条件结合能够显著增加萜烯类物质的含量，但是在其他应激条件不存在的情况下，较高 CO_2 浓度条件并不能显著增加萜烯类物质的含量。研究发现 CO_2 浓度升高使得酚类成分挥发性油增加，而单萜烯类和倍半萜烯类含量有所降低，这可能是由于蒸腾作用水的可用性增加和水分损失减少导致，或者与氧化应激水平降低有关。紫背天葵叶片中萜烯类物质含量的降低可能与紫背天葵的防御水平在较高 CO_2 浓度下降低有关，由于高 CO_2 浓度能够通过降低细胞区室中 O_2 活化和活性氧自由基形成的基本速率，使得植物的抗氧化防御系统发生松弛，进而导致对抗氧化防御物质的需求减少。有研究表明，CO_2 浓度升高下调了植物防御信号相关基因的表达，抑制了茉莉酸信号途径，防御信号的下调可能会导致萜烯合酶活性的降低，进而使得挥发性物质的合成减少。植物中萜烯类防御物质的减少会影响昆虫的行为。高 CO_2 浓度下与诱导食草动物相关的一些防御性挥发性化合物的减少会导致植物对食草动物的易感性增加，即植物防御入侵昆虫的抵抗力和耐受性降低。光质处理条件对萜烯类成分的含量影响较为复杂，目前关于光质条件对植物挥发性成分的研究较少。紫背天葵不同光质处理条件下萜烯类成分并未显现出明显的变化趋势。然而，有研究指出红光增加了薄荷脑的含量，它是野生薄荷挥发油的主要成分。油菜素处理是一种能够促进受控环境中生长的紫苏中紫苏醛和柠檬烯合成的较适光质条件。在这里，光质条件很有可能通过影响植物叶片上的香茅簇腺体的多少来增加或减少挥发性物质的积累量，因为腺体是合成分泌挥发性成分的主要场所。

CO$_2$浓度升高降低了植物的防御水平，萜烯类和水杨酸甲酯的合成减少，但是植物仍然保持了较多量的醛类成分。这里醛类成分，主要是C6和C9醛，由于它的新鲜绿色气味被广泛用于食物香料，也称绿叶挥发物。在植物受到机械损伤时，这些短链醛类由植物体内的亚油酸和亚麻酸经一系列酶促反应快速形成，在伤口愈合和抗虫性方面起到重要作用。其一方面是植物防御反应的信号分子，另一方面它是吸引传粉者和天敌的重要信号分子。挥发性萜烯类化合物也同样被用作天然香料，且这些物质对人类的健康有益，此外，挥发性萜烯类化合物在植物防御植食性昆虫及病菌为害方面起重要作用。虽然绿叶挥发物和萜烯类同样是植物为防御植食性昆虫释放的挥发性化合物，但是它们在CO$_2$浓度升高条件下的响应机制不同。醛类成分比例增加，而萜烯类物质比例显著降低，这可能是由于较高CO$_2$浓度下的植物抗氧化防御能力降低更容易受到虫害，因而在植物体内快速合成较多的醛类物质来吸引天敌。绿叶挥发物的合成在植物体内较为方便迅速，它们的前体亚油酸和亚麻酸在植物叶子中大量存在。而萜烯类物质的合成释放需要更长时间。

2. 根系中挥发油

根系挥发油与叶片挥发油相比，除了主要成分α，β-石竹烯，还含有较多的（E)-β-金合欢烯。在0.045%浓度CO$_2$条件下，紫背天葵根系中的（E)-β-金合欢烯含量高于α，β-石竹烯。研究发现，室外生长植株根系中的（E)-β-金合欢烯含量远低于组培植物根系中（生长空间有限）的含量。研究的紫背天葵种植在体积有限的花盆中，这可能在一定程度上限制了根系的进一步生长，这些均表明（E)-β-金合欢烯易于在有限环境中生长的植物中积累。与叶片中挥发油一样，根系挥发油总量也同样在较高CO$_2$下显著降低，且高CO$_2$浓度下光质条件对根系挥发油的影响更为显著。同时，在通常和较高CO$_2$浓度下，60%红光+40%蓝光光质组与80%红光+20%蓝光相比，根系中倍半萜烯类成分的含量总是降低，这说明较多的蓝光不利于萜烯类物质的积累。总之，萜烯类化合物大幅度降低及醛类成分比例升高是紫背天葵叶片及根系挥发油响应CO$_2$浓度升高的方式，升高的CO$_2$浓度不仅降低了萜烯类物质的含量，还减少了其组成成分。大多数萜烯类成分均是生物活性分子，具有抗菌消炎抑制癌细胞增殖等作用，对人类的健康尤为重要。因此，CO$_2$浓度升高在一定程度上降低了紫背天葵的药用价值。

五、叶片次生代谢物平均产量

红蓝组合光质组的次生代谢物平均产量均高于白光组；0.045% CO_2 浓度下，80%红光+20%蓝光和60%红光+40%蓝光光质组的总花色苷产量差异不显著，但是较高 CO_2 浓度下，80%红光+20%蓝光光质组的花色苷产量明显高于60%红光+40%蓝光组。0.045%和0.2% CO_2 浓度下，总黄酮的平均产量在60%红光+40%蓝光光质组最高；而在0.12% CO_2 浓度下，总黄酮产量在80%红光+20%蓝光和60%红光+40%蓝光光质组没有显著性差异。0.045% CO_2 浓度下，总酚酸的平均产量在60%红光+40%蓝光光质组最高；而在较高 CO_2 浓度下，它的平均产量在80%红光+20%蓝光光质组最高。0.045%和0.2% CO_2 浓度下，萜烯类的平均产量在80%红光+20%蓝光光质组最高；在0.12% CO_2 浓度下，萜烯类平均产量在60%红光+40%蓝光光质组最高。较高 CO_2 浓度（0.12%）与80%红光+20%蓝光光质复合处理组的总花色苷、总黄酮和总酚酸平均产量均高于其他处理组，0.045% CO_2 浓度与80%红光+20%蓝光光质复合处理组的萜烯类平均产量显著高于其他处理组。因此在受控环境中，获得较多酚类物质的最佳条件应该是较高 CO_2 浓度（0.12%）和80%红光+20%蓝光光质处理；而获得较多萜烯类挥发油的最佳条件应该是对照 CO_2 浓度和80%红光+20%蓝光光质处理。

六、营养成分

通过对紫背天葵的营养成分（灰分、粗脂肪、粗纤维和粗蛋白质）及元素（N、P、K、Mg 和 Ca）进行研究分析，结果这些营养成分和元素在不同光质和 CO_2 条件下的显著性差异较小。但是与叶片对照相比，受控环境下生长的植株叶片中灰分含量显著增加，而粗纤维含量显著降低，粗蛋白质和脂肪含量与之相当；通过定期浇灌营养液的方式供给营养的紫背天葵，相比在开放的土地中种植的紫背天葵能更有效地吸收利用矿物质营养，这是紫背天葵的灰分含量高于对照的根本原因。粗纤维是植物细胞壁的主要组成成分，保护和支撑细胞维持一定的形状。种植在植物舱内的紫背天葵植株基本不会遭遇到在开放土地上种植的植株可能遇到的一些外界刺激或者胁迫，因此紫背天葵所形成的纤维素含量低于对照。与叶片对照相比，受控环境下生长的紫背天葵叶片中 P 和 K 含量显著增加，而 Mg 和 Ca 含量显著降低，N 含量与之相当。这在一定程度上可能与供给紫背天葵的营养有关，另一方面，可能与紫背天葵的其他生长环境因素及生长时间相关。

第三节 红蓝绿光质及 CO_2 调控紫背天葵生长

红蓝光对植物的生长发育非常关键，然而，光合非有效光质也为发育中的植物传递了重要信息。绿光与红蓝光协同作用也对植物的生理过程具有重要的影响。绿光被认为通过依赖隐花色素和独立于隐花色素这两种方式影响植物的发育进程。

白光下生长的植物干物质重量低于红蓝光下生长的植物，这是由于白光中含有一部分绿光。绿光对植物生物量积累具有一定的抑制作用。一般来说，虽然绿光的效应是与那些红蓝光的直接效应相对立的，但是绿光的感知系统与红蓝光的感受体协同调整了植物的生长发育。例如在自然环境中，绿光占到较多部分。绿光容易被反射，也容易透射进入植物组织。绿光能够有效地透射进入植物体内，在一些环境中对光合作用起到比红蓝光更重要的作用。蓝光向导了植物器官的位置，植物器官的位置和基因表达是与捕光相关的，但是，研究已发现绿光活化了早期的向光反应，但是它需要很多的光量子才能达到与蓝光相当大的效应，这说明绿光在植物并未直接暴露于光环境中时是一种有用的植物组织信号。根系的横生受到光敏色素的控制，绿光能够降低根系的向地曲率。研究发现与红蓝光质相比，种植于红蓝绿光下的植物表现出较大的叶面积，较小的厚度，较低的气孔导度。虽然在白光下，植物气孔导度大于红蓝绿光质下生长的植物，但是其干物质量小于红蓝光下生长的植物，这说明低的气孔导度并不会影响 C 的固定，当绿光占 24% 时，植物的干物质量明显高于红蓝光。这些结果表明补充的绿光在红蓝光系统饱和的条件下影响了植物的生理。还有研究理论指出绿光信号可能依赖于一种新的感知方案，茎的延伸和质体转录物的下调可能表明植物采取了一种半暗光形态发生策略，这种状态将会允许资源的保存，当生长同时发生变化时，更有利于捕获光照。

绿光趋向于逆转那些已经在红蓝光下确定发生的生理过程，那么绿光可能以一种类似于远红光的方式发挥作用，通知植物处于光合不利条件。因为在自然环境下植物的正常生长过程中，自然并不会忽略任何一个环境输入条件，生物系统通常会通过植物神经系统去感应这些环境信号并控制本身的发展进程。生物体具有采用相对的系统去监视、调整和抑制发育进程的习性，而绿光感应系统的负影响与此观点一致，绿光总是趋于去调整红蓝光效应。

目前的研究还发现，强光下，绿光比红蓝光能够更好地在叶片深层发挥光合作用。当绿光加入红蓝光背景中，植物表现出叶柄加长，上部叶片的重定向，这些症状与在遮阳环境下观察到的现象一致。研究结果表明隐花色素受体和一个未发现的光传感体可能参与了植物适应较多绿光环境的过程。由于绿光效应和红蓝光效应的相对性，那么绿光的加入也势必会对植物的次生代谢产生重要影响。

一、生长情况

在正常 CO_2 浓度下，与红蓝光质组合整体比较，红蓝光背景中加入绿光后显著降低了植物的生物量，这是由于相同光合有效辐射强度下，绿光的加入减少了红蓝光的辐射强度，而植物仅吸收较少量的绿光，大部分绿光波段会被绿色植物反射出去，这势必减少了植物能够利用的总光合有效辐射，进而造成了植物总生物量积累的降低。此外，有研究表明在红蓝光为背景光时，绿光的加入使得植物表现出遮阳条件下出现的症状。这可能是正常 CO_2 浓度下的紫背天葵生物量低于之前的结果。相关研究表明，绿光能够使植物根系的向地曲率降低，这是紫背天葵的根系生物量与红蓝光质条件下的相比显著降低的主要原因。值得注意的是，加入绿光后，虽然紫背天葵总生物量和根系生物量显著降低，但是紫背天葵的光合色素含量及光合速率均显著高于未加绿光的红蓝光质组。原因可能是虽然叶片上层叶肉细胞不会像吸收红蓝光一样吸收较多的绿光，但是绿光波长能够透射进入叶片的更深层被光合色素吸收，因此绿光能够在紫背天葵叶片的更深处进行 CO_2 固定。有研究表明，与红蓝光相比，绿光在叶片深层能够更有效地进行光合作用。

值得注意的是，红蓝绿光质系统中，紫背天葵叶绿素含量在正常 CO_2 浓度下显著高于较高 CO_2 浓度环境，光合速率在较高 CO_2 浓度下有所降低，而正常 CO_2 浓度下的总生物量却显著低于较高 CO_2 浓度环境，这些现象的发生可能是由于较高 CO_2 浓度增加了植株的生长速率，使得植株在正常和较高 CO_2 浓度下的生长期不同导致。植株在 0.15% CO_2 浓度水平下的蒸腾速率显著高于正常 CO_2 浓度处理组，水分利用率明显降低。这似乎与红蓝光质系统中植株在 0.2% CO_2 浓度下的结果相似。较高 CO_2 浓度下的紫背天葵对养分的需求会进一步提高，又因为紫背天葵根系生长的限制，因此，紫背天葵可能会通过提高蒸腾速率来增加根系对养分的吸收及向地上部分运输，这是紫背天葵在较高 CO_2 浓度下蒸腾速率增加和水分利用率下降的原因。

总体来说，红蓝光质条件下，紫背天葵总生物量在正常和较高 CO_2 浓度下并无显著性差异，然而，红蓝绿光质条件下，植株总生物量在正常和较高

CO_2 浓度下的情形发生了明显改变，即 CO_2 浓度升高显著增加了紫背天葵的总生物量。正常 CO_2 浓度下，红蓝绿光质系统中的紫背天葵总生物量明显低于红蓝光质系统中的结果，而较高 CO_2 浓度下，红蓝绿光质系统中的紫背天葵总生物量与红蓝光质系统中的结果相当。这说明，与红蓝光质系统相比，红蓝绿光质系统中的植株生物量积累在正常和 CO_2 浓度下发生了明显的改变，也就是说，CO_2 浓度增加后，紫背天葵在红蓝绿光质系统中与红蓝光质系统中对可用碳源在植株生长发育方面的分配明显不同。

二、光合色素及光合参数

相同光质条件下，CO_2 浓度升高均显著降低了光合色素的含量。光质条件对光合色素含量的影响较 CO_2 浓度条件小。此外，正常 CO_2 浓度下的总叶绿素含量显著高于红蓝光质系统环境。在 0.15% 较高 CO_2 浓度下的总叶绿素含量也高于红蓝光质系统环境。CO_2 浓度对紫背天葵叶片中的叶绿素 a、叶绿素 b、类胡萝卜素及总叶绿素含量具有显著性影响，但是对叶绿素 a/b 比值没有显著性影响；叶绿素 b、叶绿素 a/b 比值及总叶绿素含量在不同光质条件下没有显著性差异；CO_2 浓度和光质条件对叶绿素 b 和叶绿素 a/b 比值没有显著性交互作用。

CO_2 浓度对植物光合参数（包括光合速率、蒸腾速率及水分利用率）具有显著性影响。紫背天葵光合速率在不同光质条件下没有显著性差异，但是蒸腾速率和水分利用率在不同光质条件下具有显著性差异。CO_2 浓度和光质条件对紫背天葵光合速率没有显著性交互作用，但是对蒸腾速率和水分利用率有显著性交互作用。在 60% 红光+30% 蓝光+10% 绿光光质组，CO_2 浓度升高对紫背天葵的光合速率没有显著性影响，但是在 70% 红光+20% 蓝光+10% 绿光和 60% 红光+20% 蓝光+20% 绿光光质组，CO_2 浓度升高降低了光合速率。在相同光质条件下，CO_2 浓度升高显著增加了紫背天葵的蒸腾速率，降低了水分利用率。正常 CO_2 浓度下，植物的光合速率和水分利用率高于红蓝光质系统中的结果。较高 CO_2 浓度下紫背天葵的光合速率与红蓝光质系统中的结果相当，水分利用率低于红蓝光质系统中的结果。与红蓝光质系统中的结果相比较，蒸腾速率的变化趋势与水分利用率正相反。总的来说，红蓝绿光质系统中，植物在正常 CO_2 水平和 60% 红光+30% 蓝光+10% 绿光光质下获得较高的光合速率。绿光的加入使得植物在较高 CO_2 水平下的光合速率降低了，这与红蓝光质系统正好相反。

三、酚类抗氧化成分

加入绿光后，红蓝绿复合光质系统下酚类及抗氧化活性与未加入绿光的红蓝复合光质系统相比，在对照正常和较高 CO_2 浓度下的表现趋势具有很明显的差异性。这种差异性表现在，CO_2 浓度升高并未增加酚类物质的积累，反而有所降低。即绿光的加入显著影响了 CO_2 浓度升高处理下的紫背天葵对可用碳源的分配，紫背天葵并未将较多的可用碳源用于次生代谢，而是用于生物量的积累，由于生物量积累量增加，而酚类物质并未以同一速率合成，这使得酚类物质的含量由于生物量的稀释作用并未增加反而有所减少。这与源库平衡理论相一致，源小于库时，CO_2 浓度的升高会将较多的碳源均用于增加紫背天葵的生长和生物量的积累，而并未将较多碳源用于积累次生代谢物。这是 CO_2 浓度高增加了生物量而并未增加酚类物质含量的原因。这也进一步说明，CO_2 浓度增加后，紫背天葵在红蓝绿光质系统中与红蓝光质系统中对可用碳源在植株生长和次生代谢之间的分配明显不同。但是从平均产量方面讲，红蓝绿光质条件下的植株仍然在较高 CO_2 浓度下具有较高的黄酮和花色苷平均产量，这与红蓝光质条件下的结果一致，而酚酸的平均产量明显低于未加入绿光的红蓝光质系统，与红蓝光质条件下的结果相反。绿光不利于酚酸类物质的合成积累。在同一 CO_2 浓度下，蓝光比例在 20% ~ 30% 时，绿光比例从 10% 升到 20% 对酚类物质含量的影响较微弱。即当蓝光对酚类的作用达到饱和后，同一 CO_2 浓度下，绿光的加入对酚类物质合成的影响较小。

CO_2 浓度对植物的总花色苷、酚酸含量及其抗氧化活性具有显著性影响，但是对总黄酮含量的影响不显著。相同 CO_2 浓度下，总花色苷和黄酮含量在不同光质条件下有显著性差异，即在 60% 红光+30% 蓝光+10% 绿光光质组它们的含量最高，而在 60% 红光+20% 蓝光+20% 绿光光质组总黄酮含量最低，在 70% 红光+20% 蓝光+10% 绿光光质组总花色苷含量最低。相同 CO_2 浓度下，总酚酸含量及抗氧化活性在不同光质条件下没有显著性差异。CO_2 浓度和光质条件对酚类及抗氧化活性不具有交互作用。在同一光质条件下，CO_2 浓度升高降低了总花色苷含量，大幅度减少了总酚酸含量及抗氧化活性，而总黄酮含量的变化与对照 CO_2 浓度相比没有显著性差异。这似乎与之前红蓝光质系统中的结果相反，即 CO_2 浓度升高至较高水平（0.12% ~ 0.15%）显著增加酚类物质的含量。红蓝绿光质条件下，正常 CO_2 浓度下的总花色苷含量和较高 CO_2 浓度下的总花色苷含量均显著高于红蓝光质系统中的结果。正

常 CO_2 浓度下总黄酮含量显著高于红蓝光质系统中的结果，但是 CO_2 浓度升高并未使其含量增加，进而总黄酮含量低于红蓝光质系统中的结果。正常和较高 CO_2 浓度下，总酚酸含量显著低于红蓝光质系统中的结果。正常 CO_2 浓度下抗氧化活性显著高于红蓝光质系统的结果，但是 CO_2 浓度升高显著降低了抗氧化活性，使得较高 CO_2 浓度下的抗氧化活性显著低于前期红蓝光质系统中的结果。总之，红蓝绿光质系统中，正常 CO_2 浓度下总花色苷、黄酮含量及抗氧化活性显著高于前期红蓝光质系统的结果，但是总酚酸含量低于前期的结果；较高 CO_2 浓度下总黄酮含量与前期结果相比有所降低，总酚酸含量及抗氧化活性明显降低，但总花色苷含量还是高于前期的结果。因此，在红蓝光质背景中，绿光的加入显著改变了酚类不同物质（花色苷、黄酮和酚酸）在正常和较高 CO_2 浓度下的合成积累。

四、挥发油类成分

萜烯类挥发性油被用作天然香料，一些生物活性成分物质对人类的健康有益，除此之外，萜烯类挥发性油在植物防御植食性昆虫及病菌为害方面起重要作用。不论在正常或较高 CO_2 浓度下，绿光比例增加时其含量也显著增加，一方面，增加了该紫背天葵的有效药用成分，其药用价值提高，另一方面，这些物质的增加还能使紫背天葵更好地防御植食性昆虫及病菌的伤害，使紫背天葵健康生长。有研究指出，紫苏叶子中紫苏醛和柠檬烯的含量在绿光处理时高于其他富含红光的光质处理，而接近蓝光和蓝绿光处理。早期研究发现，绿色叶片的紫苏植物挥发油含量会随着单位叶面积上盾状腺毛体数量的增加而增加。盾状腺毛体源于叶表面细胞，它是挥发性油合成和积累的主要位点。因此，人们推断绿光处理会增加植物表面盾状腺毛体数量，使得挥发油含量也随之增加。这可能是紫背天葵中较多绿光处理时萜烯类挥发油比其他处理高的原因之一。虽然红蓝绿复合光质下 CO_2 浓度升高对酚类物质的影响与红蓝复合光质下相反，但是一致的结论是，CO_2 浓度升高显著降低了紫背天葵中萜烯类挥发油的含量。因此，不论在何种光质条件下，CO_2 浓度升高确实不利于受控环境下的紫背天葵植株中萜烯类挥发油的积累。这个结果对紫背天葵生产具有一定的指导意义。比如为了增加植物的产量，升高温室内的 CO_2 浓度是惯常采用的措施，但是这个举措会使紫背天葵中的有益萜烯类成分含量降低，从而降低了其药用价值。此外，该结论也对将来在受控生态生保系统中种植这种药膳两用植物提供了启示。由于受控生态生保系统中 CO_2 浓度水平较高，为了使得植物充分发挥高光效作用，提供较多的

O_2、固定较多的 CO_2 及提高植物生物量的积累，控制较高 CO_2 浓度也是必然措施，但是这样的措施会降低植物的药用价值。因此达到两者平衡是进一步需要解决的问题。总之，绿光的加入不利于植物生物量的积累，但是较多的绿光显著增加了植物的萜烯类有益活性成分的含量。在红蓝绿复合光质条件下，CO_2 浓度升高显著增加了植物的生物量，但是显著降低了植物中萜烯类物质的含量。

五、叶片次生代谢物平均产量

紫背天葵叶片次生代谢物平均产量以每克干重为单位，CO_2 浓度升高显著降低了总花色苷和酚酸的含量，对总黄酮含量没有显著性影响，但是以种植面积为单位时（每平方米），相同光质条件下，紫背天葵次生代谢物中的总花色苷和黄酮的平均产量随着 CO_2 浓度升高而增加，总酚酸平均产量随着 CO_2 浓度升高而降低。萜烯类挥发油所占每克干重的含量及其每平方米上的平均产量随着 CO_2 浓度升高具有相同的变化趋势。正常 CO_2 浓度下，总花色苷和酚酸的平均产量在不同光质间没有显著性差异，60%红光+30%蓝光+10%绿光光质组和 60%红光+20%蓝光+20%绿光光质组的总黄酮平均产量稍低于其他光质组，萜烯类的平均产量在 60%红光+30%蓝光+10%绿光光质组最高，其次是 70%红光+20%蓝光+10%绿光光质组，在 60%红光+30%蓝光+10%绿光光质组最低；当 CO_2 浓度升高至 0.15%，60%红光+30%蓝光+10%绿光光质组的总花色苷、黄酮和酚酸产量显著高于其他两个光质组，而 60%红光+20%蓝光+20%绿光光质组的萜烯类平均产量显著高于其他两个光质组。因此，在红蓝绿光质系统中，获得较多花色苷和黄酮类成分的最佳条件应该是在较高 CO_2 浓度与 60%红光+30%蓝光+10%绿光光质环境；而获得较多萜烯类挥发油的最佳条件应该是对照 CO_2 浓度与 60%红光+20%蓝光+20%绿光光质组环境。红蓝绿光系统中的酚酸平均产量显著低于红蓝光质系统中的结果。

六、β-胡萝卜素等营养组分

有研究表明，发光二极管辐射下豌豆幼苗的 β-胡萝卜素在红光下最高，蓝光次之，白光随后，即红光刺激了 β-胡萝卜素的积累，这与紫背天葵相关研究结果一致。但是也有研究证明 β-胡萝卜素的含量会随着蓝光的增加而增加，因为 β-胡萝卜素的吸收光谱在蓝光波段范围（460nm）。但是 β-胡萝卜素在红蓝光下的具体合成促进机制不清楚。此外，β-胡萝卜素一方面可以作为捕光色素参与光合作用，另一方面可以保护叶绿素免受强光降解。由于在红蓝光背景中加入绿光时生长的植物会具有遮阳下植物的表现特征，植物不需要合成较多的 β-胡萝卜素进行非光化学淬灭以避免强光对叶绿体的损伤，这可能是较多绿光下 β-胡萝卜素显著降低的原因。而 CO_2 浓度升高降低了 β-胡萝卜素含量的原因与酚类相同。

正常 CO_2 浓度下，不同光质组下的植物将碳源分配到不饱和脂肪酸合成的量具有显著差异，但是当 CO_2 浓度升高使得碳源的可用性增加后，这种差异性几乎消失，即在较高 CO_2 浓度下，碳源充足的情况下，光质条件对碳源分配的影响几乎可以忽略。70%红光+20%蓝光+10%绿光光质组有利于粗纤维的形成，而 60%红光+20%蓝光+20%绿光光质却相反，即绿光增加不利于粗纤维的形成，而较多红光有利于粗纤维的合成。60%红光+20%蓝光+20%绿光光质组有利于粗脂肪的形成，且与 CO_2 浓度升高相比，光质对它的形成更为有效。其他两个光质组粗脂肪含量随着 CO_2 浓度升高而增加的原因可能与碳源充足相关。而且，较高 CO_2 浓度下，不同光质组的粗脂肪含量没有显著性差异，这是与正常 CO_2 浓度下的情况不同的，即光质条件对粗脂肪含量的有显著影响，也就是说碳源充足情况下，光质条件对粗脂肪的形成影响不显著。60%红光+30%蓝光+10%绿光光质组有利于维生素 E 的积累，CO_2 浓度升高对其含量没有显著影响，但是其他两个光质组维生素 E 含量随着 CO_2 浓度升高而显著降低，原因可能是在较高 CO_2 浓度下植株的抗氧化系统松弛，不需要合成较多的抗氧化剂。

第六章　紫背天葵采后保鲜技术

紫背天葵富含多种纤维素及多种微量元素、氨基酸和蛋白质、花色苷、黄酮类物质和挥发油等，是药食同源的特色蔬菜。因其具有良好的预防和保健效果，受到愈来愈多消费者的喜爱。紫背天葵蒸腾和呼吸作用旺盛，组织水分含量高，采后容易发生失水而萎蔫、变色、生物活性物质含量减少而营养价值下降，采收后易因微生物繁殖迅速而腐烂，影响其商品性和贮藏时间。

适宜的贮藏条件有利于降低紫背天葵的呼吸强度，减少可溶性固形物、可滴定酸及维生素 C、叶绿素及花青素等的损失，延缓衰老，有效地保持其商品性状和产品风味；还可保持紫背天葵的细胞膜透性、延缓超氧阴离子和丙二醛的积累，将过氧化氢酶、超氧化物歧化酶、过氧化物酶等抗氧化酶维持在较高的生物活性水平，推迟变色及腐烂的发生，延长紫背天葵的贮藏期和货价期。有研究表明，0℃条件下紫背天葵没有冷害症状，表明其对贮藏低温不敏感且0℃适合紫背天葵的保鲜贮藏。同时，为保障鲜品紫背天葵贮藏时间更长且减少营养物质流失，可进一步采用植酸、碱基环丙烯、纳米材料与气调相结合以及短波紫外线处理等方式延长鲜品紫背天葵贮藏时间。

第一节　植酸处理

植酸是一种天然食品添加剂，已被广泛应用于食品加工领域。植酸能与金属离子发生极强的螯合作用，使促进氧化作用的金属离子因螯合失去化学活性，同时释放出氢，消耗具有氧化性的基团，破坏氧化过程中产生的过氧化物，使之不能继续形成醛、酮等产物，由此具有良好的抗氧化性。植酸呈强酸性，在单独或结合应用于蔬菜保鲜时，有利于降低蔬菜表面的 pH 值，抑制蔬菜表面的微生物繁殖，加上植酸具有保持蔬菜表面细胞和组织完整性的作用，从而减轻腐烂的发生。因此，采用成熟度一致、大小均匀、无病虫害和机械损伤的紫背天葵，随机分为 4 份，分别用清水、0.1mmol/L、0.5mmol/L、1.0mmol/L 等浓度的植酸浸泡处理 10min，通风晾干表面水分，

0℃预冷 4h 后按每 500g 一袋采用食品保鲜袋分装，进行保存研究。

一、腐烂指数

随贮藏时间的延长，所有处理组紫背天葵的腐烂指数都持续增加，且紫背天葵的腐烂速度在贮藏 10d 后明显加快，可能是其组织已进入衰败期。植酸处理对紫背天葵腐烂有明显的抑制效果，相同贮藏时间下，无植酸处理的紫背天葵腐烂指数均显著高于植酸处理的紫背天葵，且贮藏时间愈长，差异愈明显。比较不同植酸浓度处理的效果可见，以 0.5mmol/L 植酸处理腐烂程度最轻，说明不是植酸处理浓度越大对腐烂抑制的效果越好，这可能是由于过高剂量的植酸处理超过紫背天葵的耐受力而致使发生胁迫反应。

二、叶绿素和花青素含量

紫背天葵采收时叶绿素含量的测定结果显示为 9.27mg/g，远高于荠菜、枸杞头和菊花脑，表明不同叶菜组织叶绿素的含量存在差异。因叶绿素是衡量绿叶蔬菜特征性物质且其与维生素 C 等多种营养物质存在相关，紫背天葵的高叶绿素含量表明了其价值的特殊性。植酸处理对贮藏期间紫背天葵叶片中叶绿素含量的影响为：贮藏期间，所有处理紫背天葵的叶绿素含量均呈下降趋势。贮藏前 5d，各处理组紫背天葵的叶绿素含量无显著差异；随时间的延长，差异逐渐出现并显著增强，特别是 10d 以后至贮藏结束的 15d，无植酸处理紫背天葵的叶绿素含量为 5.92mg/g（保留率为 63.8%），0.1mmol/L、0.5mmol/L 和 1.0mmol/L 植酸处理紫背天葵的叶绿素含量分别为 6.62mg/g、7.27mg/g 和 6.36mg/g，尤以 0.5mmol/L 植酸处理紫背天葵的叶绿素保留率最高（78.4%）。这一结果中植酸处理造成紫背天葵叶绿素含量的不同，可能在于植酸能降低叶绿素的降解速率，减缓贮藏期间叶绿素损失。以上结果表明，采用适宜植酸浓度处理紫背天葵，可以保持其较高的叶绿素含量进而保持较好的绿色和新鲜度。

采收时紫背天葵花青素含量为 80.8μg/g，远高一般的绿叶蔬菜，如苋菜不同品种中的花青素含量从 12.8~32.0μg/g 不等。花青素具有显著的抗氧化能力，紫背天葵中高花青素含量从一个侧面体现了其食疗及药用价值。贮藏期间有效保留紫背天葵的花青素含量，有重要的营养学意义。低温贮藏期间，紫背天葵的花青素含量整体呈下降趋势，但处理间存在显著差异。贮藏前 5d，对照紫背天葵的花青素含量稍有减少（5%），但植酸处理的紫背天葵花青素含量都有不同程度的增加（0.1mmol/L 增加 7.3%、0.5mmol/L 增加

18.5%、1.0mmol/L 增加 13.0%）；而后随贮藏时间延长，无植酸处理的紫背天葵的花青素含量进一步减少，各植酸浓度处理紫背天葵花青素的含量开始下降，并差异逐渐增大；贮藏结束的第 15d 时，各处理组紫背天葵花青素含量均下降到最低值，各处理组紫背天葵的花青素保留率分别为：无植酸植酸处理 60.5%，0.1mmol/L 71.8%，0.5mmol/L 111.3% 和 1.0mmol/L 85.7%，以 0.5mmol/L 植酸处理保留率最高。以上结果提示，采用适宜的植酸浓度处理，可以有效保持紫背天葵的花青素含量，进而较好的紫色色泽及新鲜度。有研究表明，温度、湿度、pH 和不同气体浓度等外界因素会使植物体产生应激反应，而花青素含量的增加是其表现形式的一种。紫背天葵经植酸处理后贮藏前 5d 花青素含量的上升，推测可能是由于植酸诱导紫背天葵的应激反应，致使花青素增加。将无植酸处理紫背天葵叶绿素与花青素含量的变化趋势进行分析，结果显示呈正相关，提示紫背天葵衰老过程中，叶绿素与花青素的降解具有同步性。

三、游离酚和总酚含量

　　紫背天葵游离酚和总酚含量的测定结果分别为 1.87μg/g 和 8.09μg/g。比较已知叶菜类游离酚和总酚含量的测定结果，紫背天葵的游离酚含量高于枸杞头而低于马兰头、荠菜，紫背天葵总酚高于马兰头和枸杞头而低于荠菜和菊花脑，远低于莲藕，这表明紫背天葵总酚含量与大多数的叶菜相近，而远低于易变色的莲藕。紫背天葵总酚与游离酚比例为 4.3∶1，表明紫背天葵叶片中的酚类物质主要为结合酚，这一比例较总酚占 2/3 的香椿还要高，更远高于其他蔬菜。低温贮藏期间，各处理组紫背天葵的游离酚含量整体呈上升趋势，且都在贮藏末期 15d 时，游离酚含量上升到最高值。比较各处理可见，贮藏结束时无植酸处理组的游离酚含量为 1.93μg/g，植酸浓度分别为 0.1mmol/L、0.5mmol/L 和 1.0mmol/L 处理组的游离酚含量分别为 1.97μg/g、2.02μg/g 和 1.96μg/g，以 0.5mmol/L 植酸处理组含量最高，表明植酸处理有利于组织中酚类物质的积累。植物体内，游离酚含量存在动态平衡，即氧化与合成、游离与结合相平衡，在腐烂与衰老进程中，组织为了抵抗不利因素，会加速总酚的分解形成游离酚积累，含量上升。对本试验的腐烂指数与游离酚含量的相关性分析表明，植酸处理后，游离酚含量与腐烂指数并不相关。需要注意的是，游离酚的含量高，发生酶促变色、加速组织变色的概率就会大。低温贮藏期间，紫背天葵总酚含量贮藏前期呈上升趋势，进入贮藏后期时，含量下降；比较各植酸处理紫背天葵的总酚含量并无显著差异，但显著高于无植酸处理。以上植酸对贮藏期间紫背天葵游离酚、总酚含量变化影响结果表明，植酸对紫背天葵游离酚、总酚含量和比例有重要作用，且适宜的植酸处理有助于紫背天葵在贮藏后期保持较高的游离酚和总酚含量。

四、还原糖和总糖含量

采后紫背天葵还原糖含量为 2.5mg/g，相比于枸杞头、马兰头、荠菜等叶菜类，还原糖的含量较低。作为呼吸作用的基质，所有处理的紫背天葵还原糖含量在低温贮藏期间均呈持续减少的趋势，至贮藏末期 15d，各处理组紫背天葵还原糖含量均下降到最低值。比较贮藏结束时所有处理还原糖的含量可见，对照组的还原糖保留率仅为原始数值的 44.9%，0.1mmol/L 植酸处理的为 50.7%，0.5mmol/L 植酸处理为 63.8%，1.0mmol/L 植酸处理为 45.3%，尤以 0.5mmol/L 植酸处理组效果最好。采后紫背天葵总糖含量为 23.7mg/g，贮藏期间各处理组的总糖含量均呈下降趋势。至贮藏末期 15d，各处理组紫背天葵总糖含量均下降到最低值，无植酸处理的总糖含量为 14.2mg/g，各植酸处理组的含量与对照组的 1.20 倍（0.1mmol/L 植酸）、1.32 倍（0.5mmol/L 植酸）和 1.08 倍（1.0mmol/L 植酸），以 0.5mmol/L 植酸处理组效果最好。紫背天葵低温贮藏期间，总糖和还原糖含量均呈下降趋势的原因在于其作为呼吸作用的基质而消耗，表现为净损失，并随贮藏时间延长而增加。以上结果提示，采用适宜浓度的植酸处理紫背天葵，可以保持其较高的还原糖和总糖含量，有利于风味和营养品质的保持。

五、游离氨基酸和可溶性蛋白含量

紫背天葵游离氨基酸的含量较低，为 3.6mg/g，远低于叶菜型甘蓝茎尖的 28.1mg/g。紫背天葵叶片各处理组中游离氨基酸含量随着贮藏时间的延长，均呈下降趋势，但因游离氨基酸含量较低，其下降趋势非常平缓。比较不同处理对紫背天葵游离氨基酸含量的影响可知，采用适宜浓度的植酸处理紫背天葵，有可能保持其较高的游离氨基酸含量，但与无植酸组相比，并无显著差异。叶菜类可溶性蛋白含量较少，与紫背天葵同属的木耳菜可溶性蛋白含量为 16.0mg/g，菠菜的可溶性蛋白含量较高为 24.0mg/g。紫背天葵可溶性蛋白含量为 5.7mg/g，相比于其他蔬菜，紫背天葵的可溶性蛋白含量并不高，然而它的可溶性蛋白种类与木耳菜较相似，因此同样具有嫩滑的口感。低温贮藏期间，各处理组紫背天葵可溶性蛋白的含量呈下降趋势。至贮藏末期 15d，各处理组紫背天葵可溶性蛋白含量均下降到最低值，无植酸处

理的可溶性蛋白含量为 4.4mg/g，各植酸处理组的含量是对照组的 1.00 倍
(0.1mmol/L 植酸)、1.12 倍（0.5mmol/L 植酸）和 0.98 倍（1.0mmol/L 植
酸)，其中以 0.5mmol/L 植酸处理组效果最好。因此，采后采用适宜的植酸
浓度处理紫背天葵，可以保持相对较高的可溶性蛋白含量，但与无植酸处理
相比，效果并不明显。

六、呼吸强度及细胞膜渗透率

通过测定呼吸强度的强弱，可以了解果蔬采后生理状态。紫背天葵采后
呼吸强度并不旺盛，呼吸强度为 17.6mg CO_2/（kg·h），低于枸杞头、马兰
头、荠菜等叶菜，可能与其组织新鲜脆嫩及发育程度低有关系。植酸处理对
紫背天葵叶片呼吸强度的影响与未经植酸处理的结果相似，植酸处理后紫背
天葵在贮藏的前 10d，呼吸强度急剧上升，可达 10 倍以上，但呼吸增加的值
低于未经植酸处理结果，三个植酸处理中没有显著差异；所有处理紫背天葵
的呼吸从 10~15d 基本没有变化。

一般认为相对电导率可以反映细胞膜渗透率以及细胞膜受到伤害的程
度。采后紫背天葵细胞膜渗透率为 17.1%。低温贮藏期间，各处理组紫背天
葵细胞膜渗透率从第 5d 开始呈持续上升趋势，这表明紫背天葵在衰老期间
细胞膜发生了不可逆的损伤。相关性统计分析结果显示，细胞膜渗透率与腐
烂指数具有显著的相关性，这可能是由于随着细胞膜渗透率的上升，促进腐
烂指数上升。比较不同处理间的差异可见，整个贮藏期间凡经植酸处理的紫
背天葵其相对电导率均低于未经植酸处理，说明采用适宜浓度的植酸处理紫
背天葵，可以保持其组织相对完整的细胞膜，降低细胞膜的透性，有利于产
品的贮藏保鲜。

七、超氧阴离子及丙二醛含量

刚采收的紫背天葵超氧阴离子含量为 851.7nmol/g，远高于荠菜和枸杞
头，说明紫背天葵不耐贮藏。植酸处理对贮藏期紫背天葵超氧阴离子的增加
有明显的抑制效果，虽然各处理组紫背天葵的超氧阴离子含量随着贮藏时间
的延长有波动，各植酸处理组紫背天葵的超氧阴离子含量显著低于对照组，
且以 0.5mmol/L 植酸组的抑制效果最好。说明低温结合植酸处理可明显减少
采后紫背天葵超氧阴离子的生成和累积，从而减少紫背天葵组织受到的活性
氧伤害，有利于保持紫背天葵组织正常代谢。

采收后的紫背天葵丙二醛含量为 12.7nmol/g，远高于荠菜和枸杞头，说

明紫背天葵不耐贮藏。冷藏期间植酸处理紫背天葵的丙二醛含量基本维持在相同水平，后期贮藏过程中并无显著变化且相互之间并无差异。不同浓度植酸处理对丙二醛的影响没有出现其他指标的差异结果。

八、相关抗氧化酶含量

采收后紫背天葵多酚氧化酶活性为 6 740U/（min·g），高于马兰头和枸杞头，说明紫背天葵组织的衰老速率高于这些叶菜。低温贮藏期间，各处理组紫背天葵多酚氧化酶活性前 10d 呈上升趋势，以后保持稳定；在相同的测定时间，对照处理多酚氧化酶活性最高，0.5mmol/L 植酸处理紫背天葵的多酚氧化酶活性最低。说明采用适宜浓度的植酸处理可以有效抑制紫背天葵多酚氧化酶活性，延缓叶片组织的衰老。

植酸处理对紫背天葵过氧化物酶活性有一定影响，表现为各浓度植酸处理组的过氧化物酶活性在相同时间点测定值均高于无植酸处理环境。在贮藏前 5d，各处理组紫背天葵的过氧化物酶活性由初始测定的 15 864U/（min·g）分子量急剧下降至不足原始测定的 1/3，即无植酸处理、0.1mmol/L 植酸处理、0.5mmol/L 植酸处理和 1.0mmol/L 植酸处理分别降至 2 472 U/（min·g），2 608U/（min·g）、4 360U/（min·g）和 2 960U/（min·g）。过氧化物酶活性急剧下降可能与贮藏初期组织内部氧自由基含量的下降有关，过氧化物酶活性与超氧阴离子的含量的相关性统计显示两者呈正相关。其后随着贮藏期的延长，各处理组过氧化物酶活性急剧上升，且在第 10 天回复到与初始测定相似的水平，但无植酸处理比各浓度植酸处理紫背天葵过氧化物酶活性显著降低，且以 0.5mmol/L 植酸组的活性最高；从 10～15d，各处理紫背天葵的过氧化物酶活性基本保持稳定，变化不大。这一结果表明植酸处理可明显提高采后紫背天葵过氧化物酶的活性，从而减少紫背天葵组织受到的活性氧伤害，有利于紫背天葵组织正常代谢的保持。

紫背天葵超氧化物歧化酶活性为 201.2U/（min·g），高于荠菜、枸杞头和马兰头，这是其抗氧化能力强的表现。植酸处理对冷藏期间紫背天葵超氧化物歧化酶活性变化有明显的影响，表现为：贮藏期间，所有相同测定时间下植酸处理紫背天葵的超氧化物歧化酶活性均低于对照，前期超氧化物歧化酶活性下降速度较平缓，随时间延长，下降速度趋势加快，且不同处理间的差距加大，以 0.5mmol/L 植酸处理保留超氧化物歧化酶的活性最高。贮藏15d 后，对照组紫背天葵超氧化物歧化酶活性为 151.4U/（min·g），0.1mmol/L 植酸、0.5mmol/L 植酸和 1.0mmol/L 植酸处理紫背天葵超氧化物歧化酶活性分别为 168.3U/（min·g）、77.8U/（min·g）和 165.3 U/（min·g），0.5mmol/L 植酸处理与对照间具有显著差异。贮藏期间植酸处理紫背天葵的超氧化物歧化酶活性显著高于对照，表明植酸处理对紫背天葵超氧化物歧化酶活性的维持有明显的效果，以 0.5mmol/L 植酸处理效果最好。植酸处理对紫背天葵超氧化物歧化酶活性、超氧阴离子、腐烂指数作相关性分析显示，贮藏 5d 后超氧化物歧化酶活性与超氧阴离子含量、腐烂指数均呈负相关，表明超氧化物歧化酶在紫背天葵生理和腐烂方面的作用巨大，从而解释了植酸抑制紫背天葵腐烂的原因。

采后紫背天葵氧化氢酶活性为 3 400U/（min·g），其活性在叶菜中的属于较高水平。低温贮藏过程中各处理组紫背天葵的氧化氢酶活性变化整体呈下降的趋势，且在 10d 后又加速趋势。比较各处理紫背天葵的氧化氢酶活性可见，植酸处理抑制了氧化氢酶活性，贮藏 15d 后，0.5mmol/L 植酸组与对照组相比，具有显著差异。紫背天葵相关研究采用包装结合低温贮藏可以有效提高紫背天葵氧化氢酶活性，抑制腐烂的发生。说明氧化氢酶活性与腐烂指数具有负相关性，植酸抑制氧化氢酶活性可能诱导了紫背天葵自身防御体系的启动，减少腐烂发生。

第二节 甲基环丙烯处理

甲基环丙烯是一环丙烯类化合物。自从乙烯被认为是植物激素以来，已有大量关于其生理功能、生物合成及调控等相关研究报道。现阶段对乙烯生理作用的控制主要还是通过对乙烯生物合成的控制来实现。随着对乙烯信号感知和传导机制方面的深入了解，人们开始在感知乙烯水平上调控乙烯的生理代谢及其作用。其中，一个重要的方面就是采用乙烯受体抑制剂调控乙烯生理作用。甲基环丙烯有降低、延缓甚至抑制乙烯合成的作用。相关研究报道，甲基环丙烯可以有效保持小白菜、菠菜、生菜、抱子甘蓝等绿叶蔬菜的叶绿素含量，防止黄化的发生，从而有效保持产品的商品性状。

一、腐烂指数及总可溶性固形物含量

随着贮藏时间的延长，所有处理的紫背天葵腐烂指数都在不断增加。贮藏结束的第 20d，对照组腐烂指数达到 10%，显著高于甲基环丙烯处理紫背天葵腐烂指数，表明甲基环丙烯对紫背天葵腐烂具有抑制作用。甲基环丙烯降低紫背天葵腐烂指数可能与其能延缓组织的衰老有关。相同处理时间，高浓度甲基环丙烯熏蒸有利于抑制腐烂的发生；达到饱和浓度后效果不再增加，1.00mg/kg 处理组与 0.50mg/kg 处理组相比，腐烂指数无显著差异；相同处理浓度，延长处理时间有利于减少腐烂发生；熏蒸的温度与浓度协同作用可能导致了 24h 处理组与 12h 处理组腐烂指数无显著差异。以上结果表明，从控制紫背天葵腐烂角度看，室温下 0.50mg/kg 甲基环丙烯处理 12h 效果较好。此外，5 月份采收的紫背天葵具有更好的耐贮性，说明采收时间和发育程度对产品的腐烂有影响。

采后紫背天葵总可溶性固形物含量为 3.67%。低温贮藏 20d 后，各甲基环丙烯处理组显著高于无甲基环丙烯处理中总可溶性固形物含量。相同处理时间下，高浓度甲基环丙烯熏蒸有利于提高贮藏期间的总可溶性固形物含量，1.00mg/kg 处理组与 0.50mg/kg 处理相比，紫背天葵总可溶性固形物含量的差异并不显著；相同处理浓度，延长甲基环丙烯处理时间能保持较高的总可溶性固形物含量，24h 处理组总可溶性固形物含量低于 12h 处理组可能是处理组在高温下的时间较长加速组织的衰老。

二、叶绿素和花青素含量

紫背天葵叶绿素含量与采收期有关，这与紫背天葵发育速度快慢有关。新鲜采收紫背天葵贮藏 20d 后，所有处理组的叶绿素含量均有减少，多数甲基环丙烯处理组的叶绿素含量高于无甲基环丙烯处理组，且以 0.50mg/kg 12h 处理组叶绿素含量保留率最高，较无甲基环丙烯处理具有显著差异，说明适宜的甲基环丙烯处理有利于紫背天葵叶绿素的保持。

紫背天葵的重要感官品质指标花青素，不同时期采收时含量差异显著，主要因为低温及弱光有利于紫背天葵叶片花青素积累。但同一时期采收的紫背天葵在低温贮藏 20d 后，各处理组紫背天葵花青素含量均有减少。比较不同处理组紫背天葵花青素含量的差异可见，处理时间和处理浓度对花青素的保持均有影响，以处理时间 12h、浓度 0.50mg/kg 最佳，且时间的重要性大于浓度。所有处理中 0.50mg/kg 12h 处理紫背天葵花青素保留率最高，达91.4%，显著高于其他处理组，表明 0.50mg/kg 12h 处理紫背天葵，可以减缓贮藏过程中叶绿素和花青素降解，保持较好的色泽和新鲜度。与植酸处理后紫背天葵组织中花青素含量显著增加不同，甲基环丙烯处理只是有效保持其含量，可能是贮藏期内，甲基环丙烯抑制了乙烯的合成及其与位点的结合，对花青素的合成没有诱导作用。

三、还原糖和总糖含量

不同时间采收的紫背天葵还原糖含量不同。以同一时期采收的紫背天葵低温贮藏 20d 后，所有处理紫背天葵还原糖含量均有增加。相同处理时间，高浓度甲基环丙烯熏蒸有利于提高贮藏期间的还原糖含量；相同处理浓度，适当延长处理时间有助于保持紫背天葵还原糖的含量，24h 处理组显著高于6h 处理组，24h 与 12h 处理组作用效果没有显著差异。贮藏期间还原糖含量增加的原因可能在于总糖的分解，这可从总糖的减少得到证明。采后紫背天葵总糖含量为 29.2mg/g。贮藏 20d 后所有处理组的紫背天葵总糖含量都减少，无甲基环丙烯处理组的总糖含量保留率为 44.6%，甲基环丙烯处理组总糖含量保留率不同，以 0.50mg/kg 12h 处理组紫背天葵总糖的保留率最高（59.9%），这略高于 0.5mmol/L 植酸的总糖保留率；但更高浓度和更长时间甲基环丙烯处理并不能提高紫背天葵总糖含量的保留率，表明紫背天葵接受甲基环丙烯处理后的效应受到作用时间和浓度的影响。比较植酸处理对紫背天葵还原糖和总糖的影响可见，甲基环丙烯处理对紫背天葵贮藏期间还原糖和总糖含量保持更有效。

四、游离氨基酸和可溶性蛋白含量

采后紫背天葵游离氨基酸含量为 3.04mg/g，与不同采收时期相差不大。紫背天葵在低温贮藏期间，甲基环丙烯各处理组游离氨基酸含量均呈下降趋势。贮藏 20d 后，无甲基环丙烷处理组的游离氨基酸含量为 2.71mg/g，较多数甲基环丙烯处理组高，只有 0.50mg/kg 甲基环丙烯 12h 处理组游离氨基酸含量略高于无甲基环丙烷处理组，表明不适宜的甲基环丙烯处理反而促进了游离氨基酸的减少。比较甲基环丙烯浓度和处理时间对紫背天葵游离氨基酸变化的作用可见，时间的影响大于浓度。甲基环丙烯处理组的游离氨基酸含量低于无甲基环丙烯的原因尚不清楚，有待进一步研究。

采后紫背天葵可溶性蛋白含量为 5.70mg/g，其不同采收时期相差不大。低温贮藏期间，紫背天葵可溶性蛋白的含量均下降。贮藏末期，无甲基环丙烯处理可溶性蛋白含量降为 4.59mg/g，低浓度或短时间的甲基环丙烯处理组可溶性蛋白含量低于无甲基环丙烯组，中等剂量和中等时间长度的处理效果较好，0.50mg/kg 甲基环丙烯 12h 处理组蛋白保留率为无甲基环丙烯处理组的 1.15 倍，且效果优于植酸处理。低浓度或短时间甲基环丙烯处理的紫背天葵可溶性蛋白含量低于无甲基环丙烯处理组，而 0.50mg/kg 甲基环丙烯

12h 等处理紫背天葵的可溶性蛋白含量高于无甲基环丙烯处理组。

五、呼吸强度及细胞膜渗透率

4 月采收的紫背天葵生长较旺盛，呼吸强度达 44.9mg CO_2/（kg·h），提示呼吸强度与采收季节关系密切。贮藏期间，无甲基环丙烷紫背天葵的呼吸强度先上升后下降，甲基环丙烯处理后上升时间推迟，增加的幅度降低，波动变化较小，且以 0.50mg/kg 处理 12h 的紫背天葵呼吸始终是同时间测定最低的且呈稳定缓慢下降的趋势。因此，甲基环丙烯处理能有效抑制呼吸强度，这可能与其抑制了乙烯的合成，减轻了乙烯对呼吸强度的诱导作用有关。用甲基环丙烯处理青花菜、韭菜和无籽黄瓜有同样的效果，但甲基环丙烯处理会提高洋葱的呼吸强度，说明甲基环丙烯对不同品种蔬菜的呼吸抑制效果不同。

采后紫背天葵细胞膜渗透率为 22.7%，是 4 月生长旺季的 1.32 倍，说明紫背天葵细胞膜渗透率与发育状况有关。低温贮藏期间，各处理组紫背天葵细胞膜渗透率呈稳定的上升趋势，说明紫背天葵在衰老期间细胞膜发生了不可逆的损伤。比较甲基环丙烯处理时间和处理浓度的结果可知，无甲基环丙烯处理紫背天葵细胞膜渗透率增加最快，且随着贮藏时间的延长不同处理间的效果差异增大；在固定浓度下以 12h 处理效果最好，在固定时间下以 0.50mg/kg 效果最好。甲基环丙烯处理对细胞膜渗透性的影响与呼吸的影响具有一致性，细胞膜渗透率与呼吸强度相关性分析显示两者具有显著相关性，说明采后呼吸强度的增加，加速细胞膜物质的分解或结构的改变，导致细胞膜透性的增加。

六、超氧阴离子和丙二醛含量

刚采收的紫背天葵超氧阴离子含量为 1 341.7nmol/g，远高于 4 月紫背天葵生长旺盛期的含量，可能是采后生理代谢旺盛的表现，成因有待进一步研究。贮藏期间，各处理紫背天葵超氧阴离子含量随贮藏时间的延长而波动下降；相同浓度的甲基环丙烯处理，以处理 12h 抑制活性氧的效果最好；相同处理时间下，甲基环丙烯处理紫背天葵超氧阴离子含量在贮藏末期均显著低于对照且以 0.50mg/kg 处理的最低。相关性分析显示，超氧阴离子含量与呼吸强度具有相关性，较高浓度、较长时间的甲基环丙烯处理可以在降低贮藏期紫背天葵呼吸强度的同时，减少了超氧阴离子的生成或累积，降低活性氧侵害范围，进而延缓组织的衰老和腐烂，有利于新鲜状态的保持。

采后紫背天葵丙二醛含量为44.8nmol/g，是4月采收的紫背天葵丙二醛含量的3.53倍，过高的丙二醛含量可能是采后代谢旺盛的一种表现。贮藏期间，各处理组丙二醛的含量变化几乎与呼吸的变化一致，即整体先升后降。贮藏5d后，各处理组紫背天葵丙二醛含量均至最高；贮藏末期，各处理组丙二醛含量均降至最低，不同甲基环丙烯处理时间和浓度均能有效抑制丙二醛含量的增加；且以甲基环丙烯0.50mg/kg浓度、处理时间12h的紫背天葵始终是同时间测定最低的。说明甲基环丙烯处理能减少膜脂过氧化反应的发生，延缓衰老。因此，甲基环丙烯处理对紫背天葵呼吸强度、细胞膜渗透性、超氧阴离子和丙二醛含量等生理特性指标的影响具有相似性，且以甲基环丙烯0.50mg/kg浓度、处理时间12h效果最好，这很好地反映了特性变化的连贯性，为解释紫背天葵的衰老、变质，从生理生化上提供了依据。

七、相关抗氧化酶含量

不同浓度甲基环丙烯处理不同时间，贮藏期内紫背天葵多酚氧化酶活性变化情况为：前期上升，中期（10d）开始下降，末期达到最低值；各甲基环丙烯处理组多酚氧化酶活性的变化趋势相对比较平缓；以抑制多酚氧化酶活性来评价，处理时间为12h、处理浓度以1.00mg/kg最佳，这与前面较佳浓度是0.50mg/kg有差别，可能与甲基环丙烯对不同指标的影响有差异相关，甲基环丙烯通过抑制乙烯的含量，减少乙烯对多酚氧化酶活性的诱导起到间接抑制作用。多酚氧化酶与腐烂指数的相关性分析显示，两者显著相关性，说明采用甲基环丙烯处理可以有效地抑制紫背天葵多酚氧化酶活性，延缓衰老。

不同时期采收的紫背天葵，过氧化物酶活性差异较大。同一时期采收紫背天葵低温贮藏期间，各处理组过氧化物酶活性随着贮藏时间的延长而波动，前期下降后期略有上升。贮藏后期，甲基环丙烯处理紫背天葵的过氧化物酶活性显著高于无甲基环丙烯处理，且以固定浓度甲基环丙烯0.50mg/kg下处理24h，或在固定时间12h下以甲基环丙烯1.00mg/kg处理时保持的过氧化物酶活性最大，高浓度甲基环丙烯处理有改变紫背天葵过氧化物酶变化趋势的情况。有研究指出，甲基环丙烯处理西兰花可以有效提高其过氧化物酶活性，而甲基环丙烯处理‘中椒5号’抑制了过氧化物酶活性，这可能是不同品种、不同发育阶段的蔬菜对甲基环丙烯的反应不同，也可能与甲基环丙烯的浓度有关。相关研究表明，甲基环丙烯处理可明显提高采后紫背天葵过氧化物酶的活性，减少紫背天葵组织受到活性氧伤害，有利于紫背天葵组织正常代谢的保持。

低温贮藏期间，紫背天葵超氧化物歧化酶活性前5d有明显上升，以后随贮藏时间的延长，变化平缓，呈下降趋势；甲基环丙烯处理对紫背天葵超氧化物歧化酶活性的维持有显著效果。比较同浓度甲基环丙烯（0.50mg/kg）处理不同时间紫背天葵超氧化物歧化酶活性可知，以处理12h与24h对超氧化物歧化酶的活性促进效果显著，但两者间无显著差异；在固定12h条件下以甲基环丙烯0.50mg/kg处理时保持的超氧化物歧化酶活性最大。低温贮藏过程中各处理组紫背天葵的氧化氢酶活性变化整体呈下降的趋势，甲基环丙烯处理后可有效保持紫背天葵氧化氢酶活性，无论在固定处理浓度还是固定处理时间下，贮藏前5d，所有紫背天葵的氧化氢酶活性都有少量增加，但各处理间差异不显著；贮藏10d及以后，甲基环丙烯12h处理紫背天葵的氧化氢酶始终显著高于其他处理的测定值，且下降速度较慢。甲基环丙烯处理有效地抑制了紫背天葵多酚氧化酶活性，并显著保持了过氧化物酶、超氧化物歧化酶和氧化氢酶活性，且以甲基环丙烯0.50mg/kg浓度、处理时间12h效果最好，这表明适宜的甲基环丙烯处理可以有效地清除植物衰老过程中产生的有害自由基。

第三节　气调结合纳米材料包装处理

纳米材料有特殊的力学、热学、光学、磁性、化学性质，决定其有优异的表面效应、小尺寸效应和量子效应，已成为食品包装的新潮流。一般的塑料保鲜袋，仅提供一个密封的环境，而采用纳米技术却能在分子尺度上改变包装材料的结构。采用纳米技术改变结构的塑料包装能允许水分和气体穿过，满足了水果、蔬菜、饮料、葡萄酒等食品的保鲜要求。纳米包装袋已经用于金针菇、绿茶、冬枣、草莓等的保鲜上，取得了很好的效果。

一、腐烂指数及总可溶性固形物含量

贮藏期间，各处理组紫背天葵的腐烂指数随贮藏时间的延长而迅速上升，气调结合纳米材料包装处理组对紫背天葵腐烂有显著的抑制效果。贮藏3d后气调处理组开始出现腐烂，而气调结合纳米材料包装处理组在贮藏4d后开始出现腐烂；贮藏末期（20d），各处理组腐烂指数均上升到最大值，气调结合纳米材料包装处理组的腐烂指数显著低于纳米材料处理组。纳米材料应用于金针菇、绿茶和青椒的保鲜，同样有效地延长了贮藏时间。

采后紫背天葵总可溶性固形物含量较高，为 3.53μg/g。贮藏前 5d，紫背天葵总可溶性固形物含量急剧上升，各处理组之间差异显著；此后增加趋缓；至贮藏末期，各处理组紫背天葵总可溶性固形物含量呈下降趋势，气调结合纳米材料包装组总可溶性固形物含量显著高于其他处理组。相关性分析表明，气调结合纳米材料包装处理紫背天葵总可溶性固形物含量与腐烂指数的相关性不显著。

二、叶绿素和花青素含量

紫背天葵叶绿素含量在不同采收期差异显著。低温贮藏期间，所有处理组紫背天葵的叶绿素含量均呈下降趋势，可能是样品在贮藏过程中受温度、气体成分、乙烯等环境因素影响后，叶绿素逐渐发生降解。贮藏初期，各处理组叶绿素含量并无显著差异；随着贮藏时间的延长，各处理组的差异逐渐增大；贮藏末期，气调和纳米包装材料处理组叶绿素的保留率并无差异。气调结合纳米材料包装处理组与其他两组相比，具有显著的差异性。其他相关研究表明，纳米包装材料处理的绿茶叶绿素同样有较高保留率。以上结果表明，气调结合纳米材料包装处理可以减轻环境因素对紫背天葵的作用，减缓贮藏过程中叶绿素降解，保持其较好的色泽和新鲜度。

紫背天葵叶片花青素含量很高，但不同生长期叶片中花青素含量差异显著。同一采收期紫背天葵在低温贮藏期间，各处理组紫背天葵的花青素含量先升后降。贮藏前期的增加可能是对贮藏环境的气体成分变化产生的应激反应；贮藏 10d 后下降，可能是贮藏期间，随着呼吸的消耗和衰老的加速，花青素消耗加剧；贮藏末期，各处理组之间的花青素含量差异显著，以气调结合纳米材料包装处理组效果最好。

三、还原糖和总糖含量

采后紫背天葵还原糖含量为 1.89mg/g。贮藏期间，各处理组紫背天葵的还原糖含量呈上升趋势。可能与贮藏环境的气氛变化有着密切的关系。各处理组在贮藏过程中都自发或是被动地降低了氧气的含量，抑制了呼吸强度，抵抗衰老需要能量，有研究表明，还原糖含量的增加会增强呼吸强度，此时的还原糖含量的增加，可以认为是抗逆性的表现之一。数据分析显示，还原糖与腐烂指数具有相关性，采用气调结合纳米材料包装处理紫背天葵，可以保持较高的还原糖含量，延缓衰老的进程。

不同采收时期紫背天葵总糖含量差异明显。同一采收期紫背天葵在低温贮藏，各处理组的总糖含量呈下降趋势。贮藏末期，气调处理组与气调结合纳米材料包装处理组的总糖含量是纳米包装材料处理组的1.08倍和1.20倍，各处理组差异具有显著性。以上结果说明，低氧气调较自发气调更利于保持紫背天葵的总糖含量。紫背天葵的还原糖与总糖含量相关性分析结果显示，总糖与还原糖含量呈显著的负相关，由此说明，贮藏期间紫背天葵内的糖类物质的种类和数量存在动态的平衡。

四、游离氨基酸和可溶性蛋白含量

不同时期采收的紫背天葵游离氨基酸含量差异明显。作为参与生命活动的重要物质，紫背天葵中游离氨基酸含量在各处理组中随着贮藏时间的延长，先升后降，变化趋势较平缓。到贮藏末期，各处理组紫背天葵游离氨基酸含量均下降到最低值。气调结合纳米材料包装处理组的游离氨基酸保留率显著高于气调或纳米材料处理组。

采后紫背天葵可溶性蛋白含量为9.79mg/g，但不同采收期紫背天葵可溶性蛋白差异明显。低温贮藏期间，各处理组紫背天葵可溶性蛋白的含量呈下降趋势；贮藏末期，各处理组紫背天葵可溶性蛋白含量降至最低，气调结合纳米材料包装和纳米包装处理组可溶性蛋白含量显著高于气调处理组。以上结果显示，纳米包装较普通包装更利于保持可溶性蛋白含量。紫背天葵游离氨基酸与可溶性蛋白含量进行相关性分析，结果显示，游离氨基酸与可溶性蛋白含量呈显著的负相关，由此说明，可溶性蛋白的大量降解促进了游离氨基酸的积累。

五、呼吸强度及细胞膜渗透率

低温贮藏期间，随着贮藏时间的延长，呼吸强度呈上升趋势。贮藏第10d，气调与纳米包装和气调结合纳米材料包装的差异极显著，说明纳米包装改变了紫背天葵呼吸的变化趋势，较聚乙烯包装抑制呼吸强度的效果更好。贮藏末期各处理组呼吸强度急剧上升，可能由于贮藏后期衰老速度加快，组织接近崩溃，引发呼吸增强。气调处理对卷心莴苣的呼吸没有影响，能降低番茄和西兰花的呼吸强度，还能导致卷心菜的呼吸强度增加，而紫背天葵相关研究结果表明，低氧气调较自发气调更有利于保持较低的呼吸强度。相关性分析结果表明，贮藏期间紫背天葵呼吸强度的增加与腐烂指数极显著相关。因此，气调结合纳米材料包装处理对紫背天葵呼吸强度抑制效果最好，有助于减少腐烂，延缓衰老。

采后紫背天葵细胞膜渗透率为 15.1%，贮藏期间各处理组紫背天葵细胞膜渗透率呈上升趋势，表明细胞膜的受损程度不可逆增加。贮藏末期，气调结合纳米材料包装处理组显著抑制了细胞膜渗透率的上升，仅为气调处理组的 82.8%。相关性统计分析结果显示，细胞膜渗透率与腐烂指数、呼吸强度均具有显著的正相关性，这可能是随着细胞膜渗透率的上升，变色加深，腐烂指数随之上升。

六、超氧阴离子含量及丙二醛含量

贮藏期间，各处理组紫背天葵超氧阴离子含量呈上升趋势，有轻微的波动。贮藏末期（20d），纳米材料和气调结合纳米材料包装处理组超氧阴离子含量分别为气调处理组的 90.1% 和 92.5%。这一结果表明纳米包装处理可显著减少紫背天葵组织受到的活性氧伤害，有利于延缓衰老。相关性分析显示，超氧阴离子含量与细胞膜渗透率呈显著正相关，由于超氧阴离子是阴离子，又是自由基，性质活泼，具有很强的氧化性和还原性，既是氧化剂，又是还原剂，过量生成可致组织损伤，细胞膜透性增加等。

采后紫背天葵膜系统受损程度较低，抗逆性好。低温贮藏期间，各处理组紫背天葵的丙二醛含量急剧上升后，缓慢下降。贮藏末期，各处理组丙二醛含量差异具有显著性，气调、纳米材料与气调结合纳米材料包装处理组分别为采后的 1.53 倍、1.42 倍和 1.40 倍。说明气调结合纳米材料包装处理可以显著抑制紫背天葵丙二醛的生成，减少膜脂过氧化反应的发生，达到延缓衰老的目的。

七、相关抗氧化酶含量

不同时期采收的紫背天葵多酚氧化酶同工酶的种类和数量有变化，表现为多酚氧化酶活性的不同。低温贮藏期间，各处理组紫背天葵多酚氧化酶活性整体呈下降趋势，前期下降剧烈，贮藏 10d 后，趋势变缓；贮藏末期，纳米材料和气调结合纳米材料包装处理组的多酚氧化酶活性均显著高于气调处理组。说明，贮藏期间紫背天葵多酚氧化酶活性的下降与贮藏环境有着密切的关系，控制环境中氧气的含量可以有效地控制多酚氧化酶的活性。

贮藏期间，气调结合纳米材料包装处理对紫背天葵过氧化物酶活性的增加有显著的抑制效果，各处理组紫背天葵的过氧化物酶活性随着贮藏时间的延长而波动，贮藏后期，气调结合纳米材料包装处理组的过氧化物酶活性显著低于气调处理。贮藏末期，纳米材料处理组过氧化物酶活性升至 38 520U/

（min·g），气调处理组和气调结合纳米材料包装处理组仅为纳米材料处理组的90%和79%。气调结合纳米材料包装处理组的过氧化物酶活性相对较低，可能贮藏期间气调结合纳米材料包装处理有效地抑制了活性氧的积累，间接减弱了对过氧化物酶活性的诱导作用。

紫背天葵采后超氧化物歧化酶活性较弱。贮藏期间，各处理组的超氧化物歧化酶活性先降后升，幅度不大，纳米包装材料包装组紫背天葵的超氧化物歧化酶活性显著高于气调处理组，贮藏末期，气调结合纳米材料包装处理组超氧化物歧化酶活性最高，具有显著性。说明气调结合纳米材料包装处理对紫背天葵超氧化物歧化酶活性的维持有明显的效果。

超氧化物歧化酶活性与超氧阴离子含量、腐烂指数相关性分析显示，贮藏5d后超氧化物歧化酶活性与超氧阴离子含量、腐烂指数均呈极显著相关，表明超氧阴离子含量影响组织内超氧化物歧化酶活性水平，超氧化物歧化酶在生物体内的水平高低与衰老密切相关。

不同的采收期紫背天葵氧化氢酶活性有波动或氧化氢酶的同工酶种类和数量产生了波动。低温贮藏过程中各处理组紫背天葵的氧化氢酶活性变化趋势，贮藏初期迅速上升，10d后开始下降，至贮藏末期有轻微波动。贮藏20d后，气调处理组紫背天葵氧化氢酶活性下降为4 784U/（min·g），纳米包装与气调结合纳米材料包装处理组分别为气调处理组的1.28倍和1.72倍。相关性分析显示，各处理组之间均具有显著差异。表明气调结合纳米材料包装处理紫背天葵后，对氧化氢酶活性有促进作用，增强了解毒作用，有效延缓衰老和腐烂。

第四节　短波紫外线处理

短波紫外线是一种波长在200~280nm的低辐射流。近年来，短波紫外线处理在果蔬采后贮藏、诱导提高新鲜农产品抗病性、促进功能成分合成等方面受到重视。低剂量的短波紫外线处理可以延缓生菜、石榴、山楂果、豌豆和香梨等多种植物的衰老，并诱导植物提高抗病性，控制并减轻马铃薯的腐烂，增加杨梅、草莓和苹果的耐储性。同时，短波紫外线处理对采后水果、蔬菜保鲜的研究日益增多。在1kJ/m²、3kJ/m²、5kJ/m²短波紫外线环境下处理紫背天葵，以无紫外线辐射环境为对照，研究采后紫背天葵耐储性情况，具体如下。

一、色泽与失重率的影响

色泽和失重率是紫背天葵品质的外观指标。随着贮藏时间的延长，紫背天葵的色泽亮度值逐渐降低，短波紫外线处理组的紫背天葵色泽亮度值下降速率低于对照无紫外线处理。贮藏第 9 天开始，各个处理组的亮度值均开始快速下降，与对照无短波紫外线处理差异显著。贮藏 21d 时，各短波紫外线处理组的色泽亮度值均高于无紫外线处理，说明低辐照剂量短波紫外线处理对紫背天葵采后色泽下降具有显著的抑制作用。

在贮藏期间，各短波紫外线处理组与无紫外线处理的失重率均呈上升趋势，无紫外线处理的失重率明显高于短波紫外线处理处理组。贮藏第 3 天时，无紫外线处理的紫背天葵失重率为 1.03%，$1kJ/m^2$、$3kJ/m^2$、$5kJ/m^2$ 短波紫外线处理组的失重率依次为 0.68%、0.51% 和 0.32%，且均与无紫外线处理存在显著差异。但各短波紫外线处理组间差异不显著。表明短波紫外线处理能显著降低紫背天葵的失重率。

二、维生素 C 及叶绿素含量的影响

维生素 C 和叶绿素含量是叶菜类蔬菜重要营养指标。在贮藏过程中，紫背天葵维生素 C 含量整体呈下降趋势，局部表现为波动变化，其中，各短波紫外线处理组的维生素 C 含量下降速率明显小于无紫外线处理，且一直维持在较高的水平。此外，$5kJ/m^2$ 短波紫外线处理组的效果最好，能很好减缓维生素 C 的损失。因此，短波紫外线处理能够有效地防止紫背天葵维生素 C 含量的下降，提高其贮藏期间的营养品质。

随着贮藏时间的延长，紫背天葵的叶绿素含量逐渐降低，但各短波紫外线处理处理组的叶绿素含量下降幅度均小于无紫外线处理。贮藏第 1 天时，$1kJ/m^2$、$3kJ/m^2$、$5kJ/m^2$ 短波紫外线处理组叶绿素含量分别下降了 25.48%、23.04%、20.49%，叶绿素含量下降了 29.76%，各短波紫外线处理组与无紫外线处理均差异显著。表明短波紫外线处理可以减少贮藏过程中紫背天葵叶绿素的损失。

三、总酚及总黄酮含量的影响

总酚是抗氧化性的一个重要指标。紫背天葵在整个贮藏过程中，总酚含量呈下降趋势，各短波紫外线处理组的总酚含量差异不明显，但均高于无紫外线处理，说明短波紫外线处理可以减少紫背天葵贮藏过程中总酚的损失。

总黄酮也是反映蔬菜抗氧化性的一个重要指标。紫背天葵在贮藏期间，总黄酮含量呈缓慢下降趋势，各短波紫外线处理组与无紫外线处理间差异显著，短波紫外线处理组的黄酮含量始终高于无紫外线处理。说明短波紫外线处理可以减少贮藏过程中紫背天葵总黄酮的损失。

四、丙二醛含量影响

丙二醛被认为是膜脂过氧化的产物，其含量是衡量膜脂过氧化的一个重要指标。紫背天葵在整个贮藏过程中，各短波紫外线处理组间的丙二醛含量差异不明显，但均低于无紫外线处理。在贮藏第 15 天时，$3kJ/m^2$ 短波紫外线处理组的丙二醛含量为 12.62nmol/g，无紫外线处理的丙二醛含量为 16.64nmol/g，表明适量的短波紫外线处理可以抑制紫背天葵中丙二醛含量的积累。

五、菌落总数的影响

菌落总数是衡量食物可否食用的一个重要指标。在贮藏期间，无紫外线处理的紫背天葵菌落总数逐渐上升，在贮藏第 18 天时，菌落总数超出了卫生安全标准的要求［5log（CFU/g）］；短波紫外线处理组在贮藏第 21 天仍未超过 5log（CFU/g）。各短波紫外线处理组前期有一个明显的杀菌过程，前 3d 的菌落总数均为 0，其中 $5kJ/m^2$ 短波紫外线处理组的杀菌效果最好，菌落总数显著低于无紫外线处理。表明短波紫外线处理可以抑制紫背天葵采后贮藏过程中菌落总数的上升。

六、活性氧代谢相关酶活性的影响

短波紫外线处理可以诱导过氧化物酶和氧化氢酶活性的上升，且 $5kJ/m^2$ 短波紫外线处理组的诱导效果优于 $3kJ/m^2$ 和 $1kJ/m^2$ 处理组，各短波紫外线处理组的过氧化物酶和氧化氢酶活性均高于无紫外线处理，且与无紫外线处理差异显著。在贮藏期间，各短波紫外线处理组的超氧化物歧化酶活性呈先上升后下降趋势，无紫外线处理则一直呈下降趋势。$5kJ/m^2$ 短波紫外线处理组的诱导效果优于 $3kJ/m^2$ 和 $1kJ/m^2$ 短波紫外线处理组，且高于无紫外线处理。因此，短波紫外线处理能够诱导紫背天葵内活性氧代谢相关酶活性的上升，有利于清除体内活性氧。

第七章　紫背天葵花青素相关
基因转录组测序分析

近年来，高通量转录组测序技术已广泛应用于生物体转录组基因表达分析，采用该技术能全面快速地获取研究对象在某一状态下基因转录信息，从中挖掘重要功能基因，揭示不同生物学性状的分子机制。利用高通量测序技术对紫背天葵不同器官及其近缘种白子菜进行转录组测序，通过生物信息学方法对单基因簇进行基因功能注释、功能分类及代谢途径分析等，为进一步挖掘紫背天葵特殊保健成分、花青素相关功能表达基因及开发分子标记奠定基础。

第一节　叶片中花青素相关基因转录组测序分析

取长至八叶一心约10cm长紫背天葵为研究对象，采用 Trizol 法分别提取紫背天葵嫩叶总 RNA，将 RNA 反转录成 cDNA，制备测序文库后进行 Illumina HiSeq 2500 的测序平台测序，测序得到的原始图像数据经碱基识别转化为原始读序，经过滤得到干净读序，再利用软件进行组装，通过序列之间的重叠信息组装得到重叠群，然后局部组装得到转录本，通过同源聚类和拼接得到单基因簇。最后进行测序组装后单基因簇结果分析、FPKM 统计分析、SSR 分析以及不同数据库功能注释和花青素相关基因分析。

一、数据组装及基因表达量分析

紫背天葵嫩茎叶转录组测序后共获得 21 387 624个读序，5.39Gb 个核苷酸序列信息；Q20（测序错误率小于1%）、Q30（测序错误率小于0.1%）及 GC 含量百分比依次为 96.69%、89.49%和44.38%。由上表明，转录组测序数据量和质量都较高，为后续的数据组装提供了很好的原始数据。测序所得读序进行转录组组装，获得 1 909 443个重叠群，总长度达 0.11Gb，其中小于300bp 的重叠群数量占98.37%，其他如 300~2 000bp 以及 2 000bp 以上各占 1.47%和0.16%。可见重叠群的分布特征符合测序的预期结果，为后续再组装提供了很好的数据。所得重叠群再次组装共获得 73 239 个转录本，序列信息达 73.15Mb，平均长度为 998.76bp，N50（判断紫背天葵基因组拼接结果优劣的依据）为 1 482bp。所得转录本序列进一步组装得到 33 314 个单基因簇，序列信息为 23.91Mb，平均长度是 717.7bp，N50 为 1 153bp。其中 200~500bp、500~1 000bp、≥1 000bp 的各占 55.94%、20.67%和 23.39%。

在已获得的 21 387 624 个紫背天葵的读序中，基因表达量分析比对得到 6 069 440 个读序，占总量的 28.38%，其中只比对到一个位置的读序占 57.16%（3 469 178 个），比对到多个位置的读序（可能是多基因家族）占 42.84%（2 600 262 个）。紫背天葵 33 314 个单基因簇的 FPKM 值在 0~ 25 123.6，平均值为 58.17，其中 11 149 个单基因簇的 FPKM 值大于 10，而 2 062 个单基因簇的 FPKM 值小于 1，除 0 外（其中 1 365 个单基因簇的 FPKM 值为 0），最小值为 0.4。

二、SSR 位点分析

从紫背天葵转录组中筛选到 1kb 以上的单基因簇共 7 792 个，总长度达 13.46Mb，从中进行 SSR 位点分析，搜索标准为：一至六个紫背天葵核苷酸基序重复次数分别为大于等于 9、6、5、5、5、5，分别被标记为 p1、p2、p3、p4、p5、p6。结果表明，共检测到分布于 1 891 个单基因簇中的 SSR 位点 2 387 个。2 387 个 SSR 位点中 p1 最多，为 1 237 个（51.82%），其次为三核苷酸，共 662 个（27.73%），最少为五核苷酸，只有 3 个（0.13%）。在检测到的 SSR 位点中，p1 中出现频率最高的核苷酸基序为 A/T（1 234），而 C/G 极少（3），且 p1 中以（A）10/（T）10 最多，有 547 个，其次为（A）11/（T）11，有 249 个，再次为（A）12/（T）12，162 个，以上 3 者占 p1 总个数的 77.45%。p2 中以 AG/CT 最多，有 199 个，其次为 AC/GT（140），再次为 AT/TA（112 个）。p3 中以 GAA/TTC（99 个）、GAT/ATC（82 个）、TCA/TGA（65 个）占优势。

在含有 SSR 位点的 1 891 个单基因簇中，带 p1 类型的单基因簇有 1 054 个，含有 p2 类型的单基因簇有 413 个，含有 p3 类型的有 605 个，含有 p4 类型的有 27 个，含有 p5 类型的有 3 个，含有 p6 类型的有 7 个。单个单基因簇含有 ≥2 个 SSR 位点的单基因簇有 395 个，其中含 2 个 SSR 位点的单基因簇有 312 个，含 3 个 SSR 位点的有 70 个，含 4 个 SSR 位点的有 9 个，含 5 个 SSR 位点的有 3 个，含 7 个 SSR 位点的有 1 个。在 ≥2 个 SSR 位点的 395 个单基因簇中，含有 2 个及以上相连 SSR 位点的单基因簇有 15 个。紫背天葵及其三七草属植物大多含有多种活性功能成分，研究价值很高，因此，上述SSR 特征分析，对进一步开展紫背天葵及其近缘种基因组差异表达分析、通用性引物设计及其遗传图谱构建等打下了良好基础。

三、Nr 及 SwissProt 数据库比对分析

通过 BLAST 程序，对所组装获得的紫背天葵单基因簇分别进行 Nr 和 SwissProt 数据库比对。结果表明，22 048 个（占总单基因簇数的 66.18%）单基因簇在 Nr 数据库比对到相似序列，其中 E 值等于 0 的单基因簇有 3 531 个（占 22 048 个单基因簇的 16.02%），E 值介于 1e-5 到 1e-50 的单基因簇最多，有 10 093 个（占 45.78%）；在 Nr 数据库中，匹配序列相似度达到 100% 的单基因簇有 86 个（占 0.39%），相似度 60%~80% 的单基因簇最多，有 9 882 个（占 44.82%）。Nr 功能注释到的匹配物种中，葡萄最多（2 899 个单基因簇），后依次分别为：烟草（2 347 个）、芝麻（1 638 个）、咖啡（1 521 个）、可可（808 个）、马铃薯（682 个）、猴面花（625 个）、麻风树（620 个）等。

14 417 个（43.28%）单基因簇在 SwissProt 数据库中可找到相似序列，其中 E 值等于 0 的单基因簇有 1 885 个（占 13.07%），E 值介于 1e-5 到 1e-50 的单基因簇最多，有 7 679 个（53.26%）；在 SwissProt 数据库中，匹配序列相似度达到 100% 的单基因簇有 72 个（0.50%），相似度 60%~80% 的单基因簇与相似度 40%~60% 的单基因簇数量相当，分别为有 4 950 个（34.33%）与 4 969 个（34.47%），这两者的数量占绝大多数。SwissProt 功能注释匹配的物种中，拟南芥最多（11 036 个），后依次分别为：水稻（658 个）、烟草（410 个）、土豆（162 个）、番茄（126 个）、大豆（101 个）、玉米（98 个）、豌豆（98 个）等。SwissProt 功能注释到紫背天葵中有 29 个单基因簇与花青素合成有关，其中 14 个单基因簇与拟南芥花青素合成相关酶基因相关。SwissProt 功能注释与 Nr 相比，可找到相似度高（E < 1e-150，匹配序列相似度 > 80%）序列的单基因簇大幅减少，这一结果符合数据库特征，SwissProt 数据来源很严格，其所有序列条目都经过有经验的分子生物学家和蛋白质化学家通过计算机工具并查阅有关文献资料仔细核实，而 Nr 数据库整合标准较宽松，任何有差异的两条序列都当成 2 条不同的记录。

四、Pfam 数据库分析

利用 Pfam 数据库，对紫背天葵 33 314 个单基因簇进行蛋白功能区域分

析研究，结果表明：Pfam 功能数据库共注释到 13 909 个单基因簇，其相关蛋白功能区域分为 5 198 类，其中注释到 PPR 重复区家族蛋白最多，有 152 个单基因簇，其他注释到较多单基因簇的蛋白功能区域分别有：WD 域/G-beta 重复（103 个）、细胞色素 P450（75 个）、反转录酶（73 个）、线粒体载体蛋白（66 个）、AP2 结构域（66 个）、转移酶家族（60 个）、RNA 识别基序（59 个）、WRKY 转录因子结构域（57 个）、螺旋-环-螺旋结构域（53 个）、NB-ARC 域（51 个）、GRAS 家族（51 个）、类 GDSL 脂肪酶/酰基水解酶（48 个）以及尿苷二磷酸葡萄糖醛酸转移酶（45 个）等，而 Pfam 数据库中只注释到 1 个单基因簇的蛋白结构域种类占大多数，共 3 269 个。另外，注释结果表明，有 12 个单基因簇涉及花青素合成，而其中 5 个单基因簇都为尿苷二磷酸葡萄糖醛酸/尿苷二磷酸葡萄糖转移酶基因。

五、GO 分类

GO 数据库是一个国际标准化的基因功能分类数据库，用于全面描述不同生物中基因的生物学特征。通过 GO 数据库，对紫背天葵单基因簇进行基因生物学特征功能分类。结果表明：11 613 个紫背天葵单基因簇分为细胞组分、分子功能、生物学过程（3 个本体共 51 个功能组）。通过进一步分析发现：22 436 个 GO 条目归属于细胞组分中的 16 个功能组；12 834 个 GO 条目归属于分子功能中的 15 个功能组；31 131 个 GO 条目归属于参与生物学过程中的 20 个功能组。其中，代谢过程（7 607 个）、细胞进程（6 342 个）、催化活性（5 866 个）、单有机体过程（5 547 个）、细胞部分（5 180 个）、细胞（5 145 个）、结合活性（4 969 个）功能组中涉及的单基因簇较多，而细胞杀伤（4 个）、病毒体（3 个）、胞外基质（3 个）、病毒部分（3 个）、胞外基质部分（1 个）、金属伴侣蛋白活性（2 个）、翻译调节活性（2 个）功能组中涉及单基因簇较少。上述结果从宏观上认识了紫背天葵叶片中表达基因的功能分布特征。注释结果还表明，有 24 个单基因簇与花青素合成有关，其中 23 个单基因簇分布于分子功能及生物学过程 2 个本体，且大多数是花青素 3-O-葡萄糖基转移酶基因，该酶是花色素苷生物合成途径中的关键酶，它主要负责将不稳定的花色素转变为稳定的花色素苷。

六、COG 及 KOG 相关功能分类

COG 数据库是对基因产物进行直系同源分类的数据库。COG 分为两类，一类是原核生物的，称为 COG 数据库；另一类是真核生物的，称为 KOG 数

据库。将紫背天葵单基因簇与 COG 数据库进行比对并根据其功能进行分类统计。结果表明：COG 注释到 6 589 个单基因簇并根据其功能分为 24 类，KOG 注释到 13 498 个单基因簇并分为 25 类；其中 COG 注释到单基因簇最多的功能类别是未知功能，共 1 312 个，其次为一般功能预测（528 个），但未能注释到 RNA 加工与修饰；而 KOG 注释到单基因簇最多的是一般功能预测，共 3 103 个，其次为翻译后修饰、蛋白折叠和分子伴侣（997），最少的是细胞运动（2 个）。因此，紫背天葵单基因簇涉及生长发育过程中绝大多数生命活动。

七、KEGG 分析

KEGG 是一个整合了基因组、化学和系统功能信息的数据库，是系统分析基因产物在细胞中的代谢途径以及基因产物功能的数据库。本研究中以 KEGG 代谢途径数据库为依据，可将 4 466 个紫背天葵的单基因簇分为 108 个代谢途径，其中涉及紫背天葵单基因簇较多的有植物昼夜节律（191 个）、自然杀伤细胞介导细胞毒性（191 个）及植物与病原体互作（145 个）等，较少的为糖降解/糖异生（1 个）、柠檬酸循环（2 个）及戊糖磷酸途径等（2 个）。紫背天葵富含花青素及黄酮，花青素属类黄酮化合物，本研究 KEGG 代谢途径数据库注释到与类黄酮生物合成相关的单基因簇 47 个，与黄酮和黄酮醇生物合成相关的单基因簇 48 个。这些单基因簇及其注释信息为今后深入开展紫背天葵花青素、黄酮类合成代谢途径及相关功能基因等研究奠定了基础。

八、花青素相关基因筛选

根据 GO、SwissProt 和 Nr 三大数据库所注释到紫背天葵相关信息，进一步进行花青素相关功能基因筛选。共获得花青素相关单基因簇 29 个，具体包括花青素糖基转移酶、花青素酰基转移酶、花青素糖基酰基转移酶、花青素双糖基转移酶、花青素还原酶、花色素合酶、无色花色素双加氧酶、二氢黄酮醇还原酶、飞燕草素苷元类黄酮糖基转移酶以及类黄酮化合物的生物合成、花色苷化合物生物合成、原花青素生物合成、无色矢车菊素酶活性等共 13 种花青素相关基因，其中花青素合成及修饰阶段主要涉及的相关酶包括二氢黄酮醇还原酶、花色素合酶以及类黄酮糖基转化酶等 3 种。本研究获取的 29 个紫背天葵花青素相关单基因簇，为进一步研究紫背天葵花青素生物合成过程及基因克隆等奠定了基础。

九、MBW 相关调控因子筛选

根据 Pfam、SwissProt 和 Nr 等三大数据库中注释到的紫背天葵相关信息，进一步通过花青素合成代谢相关 MBW 调控因子 MYB、bHLH 以及 WD40 等三个关键词搜索，共获得 138 个 MBW 相关单基因簇，具体包括 42 个 MYB、67 个 bHLH、15 个 bHLH-MYB 和 14 个 WD40，在这 138 个 MBW 相关调控因子中，目前已报道与花青素合成代谢相关的 MYB、bHLH、bHLH-MYB 和 WD40 分别为 11 个、33 个、6 个和 3 个。以上与花青素调控因子相关单基因簇涉及的植物有葡萄、大丽花、非洲菊、长春花以及桃等。本研究获取的 138 个紫背天葵 MBW 相关单基因簇，为进一步研究紫背天葵花青素合成过程中调控机理及其相关基因克隆等奠定了基础。

第二节　不同叶色中花青素相关基因转录组对比分析

目前，从自然界中分离鉴别的花青苷有 600 多种，主要由 6 种花青素苷元衍生而来，其分布情况为：矢车菊素苷元占 50%（衍生物为紫红色）；天竺葵素苷元占 12%（衍生物为砖红色）、飞燕草素苷元占 12%（衍生物为蓝紫色）；矢车菊素苷元甲基化衍生而来的芍药花素苷元占 12%；飞燕草素苷元甲基化衍生而来的矮牵牛素苷元和锦葵素苷元各占 7%。但不同植物所含花青素苷元种类及比例差异极显著。花青素合成代谢途径始于苯丙氨酸，途经类黄酮代谢关键反应，最后进入各种花青素的合成与修饰。其中苯丙氨酸经过系列酶促反应生成 4-香豆酰辅酶 A，这一过程是许多植物次生代谢所共有的；而类黄酮代谢关键反应起始于 4-香豆酰辅酶 A，经过查尔酮合酶、查尔酮异构酶及黄烷酮 3-羟化酶（或继续进行黄烷酮 3'-羟化酶或黄烷酮 3'5'-羟化酶反应）等酶促反应生成二氢黄酮醇（或进一步生成双氢槲皮素或二氢杨梅黄酮）；各种花素的合成和修饰是植物根、茎、叶、花及果实等呈色的最后关键因素，其过程是由二氢黄酮醇（或双氢槲皮素及二氢杨梅黄酮等）经由无色花色素到有色花色素，所涉及的酶包括二氢黄酮醇 4-还原酶、花青素合成酶（也叫无色花青素双加氧酶）和类黄酮 3-葡糖基转移酶（也称为尿嘧啶葡萄糖），如果最终需产生芍药花素苷元、矮牵牛素苷元和锦葵素苷元及其衍生物时还需转甲基酶参与。

以叶背面紫色的紫背天葵组培苗叶片为材料，以高温及强光处理后紫背天葵叶片为绿色的叶片为对照，通过高通量测序技术进行转录组测序，通过不同数据库注释后再进行 6 种花青素苷元及各种花青素合成修饰的调控基因等关键词搜索，进一步进行荧光定量 PCR 及高效液相色谱检测，从而获得紫背天葵特有的花青素苷元及其合成调控关键基因信息。

一、测序结果统计

通过对 2 个不同样本紫背天葵转录组测序分析，共获取 6.70Gb 干净读序，各样品干净读序均达到 2.28Gb，碱基 Q30 百分比都在 89.65% 及以上。经组装后共获得 54 733 条单基因簇，这些单基因簇长度在 1kb 以上的有 12 961 条。所有单基因簇通过 SwissProt、Nr、KEGG、Pfam、GO 和 eggNOG 等数据库比对，共有 31 538 条单基因簇注释到相关信息。

二、天竺葵素苷元相关信息

所注释到信息的单基因簇通过天竺葵素苷元基因检索，共获得 11 条天竺葵素苷元相关单基因簇信息。这些单基因簇核苷酸长度为 225～1 633bp，它们在叶背面紫色紫背天葵中 FPKM 值为 0～9.59，而对照为 0～33.10。在这 11 条单基因簇中，上调和下调基因各 4 个，其天竺葵素苷元（C11692）在叶背面紫色紫背天葵中的 FPKM 值为 2.31，而对照中为 0。以上单基因簇在 SwissProt 数据库中均注释到天竺葵素 3，5-O-丙二酰转移酶，所匹配的物种都是一串红，而在 Nr 数据库中只有注释到天竺葵素 3，5-O-丙二酰转移酶（c20143），所匹配物种是芝麻。

三、矢车菊素苷元相关信息

所注释到信息的单基因簇通过矢车菊素苷元基因检索，共获得 3 条矢车菊素苷元相关单基因簇信息，这 3 条单基因簇核苷酸序列长度分别为 219bp、430bp 和 470bp，它们在叶背面紫色紫背天葵中 FPKM 值分别为 0、0.41 和 1.06，而对照均为 0。从该结果可知，所有 3 条矢车菊素苷元相关单基因簇均为下调，尤其矢车菊素苷元（C42112）差异表达极显著。此外，这 3 条单基因簇在 SwissProt 数据库中均注释到矢车菊素 3，2-O-葡萄糖醛酸转移酶，所匹配的物种都是雏菊，而在 Nr 数据库中只有 2 个注释到矢车菊素 3，2-O-葡萄糖醛酸转移酶，所匹配物种也是雏菊。

四、二氢黄酮 4-还原酶相关信息

所注释到信息的单基因簇通过二氢黄酮 4-还原酶基因检索，共获得 10

条二氢黄酮4-还原酶单基因簇信息，这10条单基因簇核苷酸长度介于291~1 510bp，它们在叶背面紫色紫背天葵中FPKM值为0.32~39.58，对照为0~59.08。在这10条单基因簇中，上调基因8个，下调基因2个，其中表达量差异明显的为二氢黄酮4-还原酶（C3596）上调基因，其在该2种紫背天葵中的FPKM值分别为0.32和3.39。这10条单基因簇在SwissProt数据库中有2条未注释到信息；1条注释到尿嘧啶苷元-木糖合成酶；7条确定为二氢黄酮4-还原酶基因，所匹配的物种包括非洲菊（2条单基因簇）、苜蓿、拟南芥、葡萄、康乃馨和金鱼草等植物各1条单基因簇。所有单基因簇在Nr数据库中有6条确定为二氢黄酮4-还原酶基因（包括一个花青素还原酶），所匹配的物种包括可可2条单基因簇，紫背天葵、葡萄、烟草和甘薯等植物各1条单基因簇。

五、花青素合成酶相关信息

所注释到信息的单基因簇通过花青素合成酶基因检索，共获得5条花青素合成酶单基因簇信息，这5条单基因簇核苷酸长度介于333~1 861bp，其在叶背面紫色紫背天葵中的FPKM值为1.35~15.76，对照为0~13.07。在这5条单基因簇中，下调基因有4个，其中表达量差异明显的只有花青素合成酶（C38551）下调基因，其在该2种紫背天葵中的FPKM值分别为1.35和0。这5条单基因簇在SwissProt数据库中共有4条确定为花青素合成酶基因，所匹配的物种包括苹果（3条单基因簇）和矮牵牛（1条单基因簇）两种植物。所有单基因簇在Nr数据库中有3条确定为二氢黄酮4-还原酶基因，所匹配的物种包括紫背天葵（2条单基因簇）和胡杨（1条单基因簇）这两种植物。

六、类黄酮3-葡糖基转移酶相关信息

所注释到信息的单基因簇通过类黄酮3-葡糖基转移酶基因检索，共获得17条类黄酮3-葡糖基转移酶单基因簇信息，这17条单基因簇核苷酸长度介于218~1 695bp，其在叶背面紫色紫背天葵中FPKM值为0~75.86，对照为0~116.88。在这17条单基因簇中，上调基因8个，下调基因6个，其中表达量差异明显的有类黄酮3-葡糖基转移酶（c20283）上调基因以及类黄酮3-葡糖基转移酶（c9064）下调基因，其中c20283在该2种紫背天葵中的FPKM值分别为0.22和5.13，而c9064的FPKM值分别为1.45和0。这17条相关类黄酮3-葡糖基转移酶（包括2个尿嘧啶糖基转移酶和2个山奈酚

3-O-半乳糖基转移酶）在 SwissProt 数据库中所匹配的物种包括草莓（13 条单基因簇）、拟南芥（2 条单基因簇）和矮牵牛（2 条单基因簇）等 3 种植物；在 Nr 数据库中有 16 条确定为类黄酮 3-葡糖基转移酶（包括 3 个花青素 3-O-糖基转移酶和 1 个 UDP-糖基转移酶），所匹配的物种包括向日葵（6 条单基因簇）、紫背天葵（3 条单基因簇）和雪莲花（2 条单基因簇）等 7 种植物。

七、表达差异显著基因荧光定量 PCR 分析

对紫背天葵花青素苷元及其合成调控基因中差异表达明显的基因，如天竺葵素苷元相关苷元（C11692）、矢车菊素苷元相关苷元（C42112）、二氢黄酮 4-还原酶（C35961）、花青素合成酶（C38551）以及类黄酮 3-葡糖基转移酶（C20283 和 C9064）进行荧光定量 PCR 分析，结果发现，上述基因在两种紫背天葵中的表达趋势（上调或下调）与转录组测序结果完全吻合，但转录组测序检测到的表达趋势差异倍数比荧光定量 PCR 检测结果更明显。

八、花青素苷元的高效液相色谱检测

采用高效液相色谱进行紫背天葵中矢车菊素苷元、天竺葵素苷元、飞燕草素苷元、矮牵牛素苷元、芍药花素苷元及锦葵素苷元等 6 类花青素苷元测定，结果未检测到飞燕草素苷元、矮牵牛素苷元、芍药花素苷元及锦葵素苷元等 4 类花青素苷元。同时，检测天竺葵素苷元含量低于 0.43mg/kg，而检测结果富含矢车菊素苷元，且叶背面紫色紫背天葵的含量（62.21mg/kg）显著高于对照（6.86mg/kg）。

第三节　叶片及花朵中花青素相关基因转录组测序

花青素合成代谢所涉及的调控基因包括结构基因和转录因子。其中结构基因是直接编码花青素合成代谢过程中所需要的酶，主要包括查尔酮合酶、查尔酮异构酶、黄烷酮 3-羟化酶、类黄酮 3'-羟化酶、类黄酮 3'，5'-羟化酶、二氢黄酮醇 4-还原酶、花青素合成酶及花青素 3-O-糖基转移酶。花青素合成代谢过程中的转录因子主要包括 MYB、bHLH 及 WD40 等 3 类，这些转录因子单个或共同作用结合结构基因启动子中相应顺式元件，调节花青素生物合成过程中一个或多个基因的表达。以叶背面紫色紫背天葵叶片为研究对象，以其黄色花朵为对照，利用二代高通量转录组测序技术分析，通过不

同专有数据库注释后再进行花青素合成代谢相关合成酶及转录因子等关键词检索，对差异表达显著相关基因进行 Nr 数据库详细注释。同时挑选部分差异表达显著基因进行荧光定量 PCR 验证分析。

一、花青素合成代谢相关调控基因统计

根据转录组测序所注释到的相关信息，进一步通过花青素合成代谢具体调控基因检索，共获取紫背天葵叶片及花朵中相关合成酶单基因簇 91 条，包括 2 条查尔酮合成酶、2 条查尔酮异构酶、27 条黄烷酮 3-羟化酶、7 条类黄酮 3'-羟化酶、6 条类黄酮 3'，5'-羟化酶、5 条二氢黄酮 4-还原酶、1 条花青素合成酶和 22 条类黄酮 3-O-糖基转移酶；转录因子单基因簇 570 条，包括 238 条 MYB、113 条 bHLH 和 219 条 WD40。比较紫背天葵叶片及花朵单基因簇 FPKM 值可知，分别有 9 条黄烷酮 3-羟化酶、1 条类黄酮 3'，5'-羟化酶、2 条类黄酮 3-O-糖基转移酶、22 条 MYB、16 条 bHLH 和 7 条 WD40 差异表达的单基因簇。在紫背天葵花青素合成酶中，除 4 条黄烷酮 3-羟化酶单基因簇为上调基因外，其他 5 条黄烷酮 3-羟化酶、1 条类黄酮 3'，5'-羟化酶和 2 条类黄酮 3-O-糖基转移酶均为下调基因。在紫背天葵花青素合成相关 MYB、bHLH 和 WD40 等三类差异表达的转录因子中，上调基因分别为 10 条、10 条和 5 条，下调基因依次为 12 条、6 条和 2 条。

二、花青素合成代谢相关差异表达显著相关合成酶

在紫背天葵叶片及花朵中，差异表达显著的合成酶基因只有黄烷酮 3-羟化酶、类黄酮 3'，5'-羟化酶和类黄酮 3-葡糖基转移酶三类，其中 9 条差异表达明显的黄烷酮 3-羟化酶核苷酸长度介于 336~1 431bp，其叶片中的 FPKM 值为 1.68~41.59，花朵中的 FPKM 值为 0.07~32.15，这些黄烷酮 3-羟化酶在 Nr 数据库所匹配的物种包括莴苣（4 条单基因簇）、刺苞菜蓟、甜瓜、旋蒴苣苔、川红花和向日葵。差异表达明显的 1 条类黄酮 3'，5'-羟化酶，其核苷酸长度为 1 700bp，叶片和花朵中的 FPKM 值分别为 26.05 和 2.69，Nr 数据库所匹配的物种为向日葵。差异表达明显的 2 条类黄酮 3-葡糖基转移酶中，其核苷酸长度分别为 897bp 和 1 615bp，叶片中 FPKM 值分别为 3.45 和 35.57，花朵中的 FPKM 值分别为 0 和 0.96，Nr 数据库所匹配的物种为向日葵和刺苞菜蓟。

三、花青素合成代谢相关差异表达显著的转录因子

花青素合成代谢相关转录因子主要包括 MYB、bHLH 和 WD40。其中差异表达显著的 MYB 转录因子有 22 个，其核苷酸长度介于 502~1 876bp，叶片和花中的 FPKM 值分别为 0~47.80 和 0~87.89，这些 MYB 在 Nr 数据库所匹配的物种包括向日葵（10 条单基因簇）、莴苣（5 条单基因簇）、刺苞菜蓟（3 条单基因簇）、紫背天葵（2 条单基因簇）、非洲菊和菊花；差异表达显著的 bHLH 转录因子有 16 个，其核苷酸长度介于 535~2 010bp，叶片和花中的 FPKM 值分别为 0~38.13 和 0~56.47，这些 bHLH 在 Nr 数据库所匹配的物种包括向日葵（7 条单基因簇）、莴苣（7 条单基因簇）和刺苞菜蓟（2 条单基因簇）；差异表达显著的 WD40 转录因子有 7 个，其核苷酸长度介于 1 024~4 053bp，叶片和花中的 FPKM 值分别为 0~7.43 和 0.23~16.21，这些 WD40 在 Nr 数据库所匹配的物种包括向日葵（5 条单基因簇）、刺苞菜蓟和斑点小壶菌。

四、相关差异显著基因荧光定量 PCR 分析

所有差异表达显著的 8 个基因以及编码肌动蛋白的基因经引物荧光定量 PCR 实验，通过扩增曲线和溶解曲线显示合格后，每个基因 3 个重复数据利用 $2^{-\triangle\triangle Ct}$ 计算相对表达量。结果发现，所有 8 个基因在花中的表达量均显著低于叶片，且差异表达显著由大到小依次为：黄烷酮 3-羟化酶（C23689.0）>MYB（C37699.0）>类黄酮 3-葡糖基转移酶（C37714.0）>黄烷酮 3-羟化酶（C21317.0）>bHLH（C29036.0）>WD40（C36860.0）>类黄酮 3'，5'-羟化酶（C30540.0）>黄烷酮 3-羟化酶（C23278.0）。

五、8 个基因的 FPKM 值与荧光定量 PCR 结果比较

黄烷酮 3-羟化酶（C23689.0）、黄烷酮 3-羟化酶（C21317.0）、黄烷酮 3-羟化酶（C23278.0）、类黄酮 3'，5'-羟化酶（C30540.0）、类黄酮 3-葡糖基转移酶（C37714.0）、MYB（C37699.0）、bHLH（C29036.0）和 WD40（C36860.0）等 8 个基因，结合转录组测序中 FPKM 值及荧光定量 PCR 检测结果进行比较分析，结果发现，上述调控基因在紫背天葵叶片及花中的表达趋势（均下调）与转录组测序结果一致，但两种不同方法检测到的表达趋势差异倍数略有不同。

第四节　紫背天葵与白子菜相关花青素基因转录组分析

　　紫背天葵叶正面（近轴面）和叶背面（远轴面）色素积累的不同，导致它具有少见的双色叶片。目前关于紫背天葵的详细研究报道大多关于人工驯化栽培和营养保健成分分析以及其相关功效的验证等，但缺乏相关的基因组研究和重要的基因信息，使得紫背天葵叶背面中大量花青素积累的分子机制无法进行深入探究。在没有完整的基因组序列的情况下（如在紫背天葵中），转录组分析是获得对差异表达基因深入了解的有效方法。紫背天葵叶背面表皮组织和叶正面表皮组织的转录组测序将为叶背面红色形成的遗传学提供有用的见解。因此，通过第二代 Illumina Hiseq 测序技术，对缺乏参考基因组的紫背天葵和白子菜叶两面表皮细胞总 RNA 进行 PE150 双端测序，分别构建紫背天葵和白子菜的转录组文库，鉴定导致紫背天葵叶背紫红色的花青素结构基因和调控因子，为阐明紫背天葵叶两面颜色差异形成的遗传机制和分子机理奠定基础。

一、花青素含量测定

　　紫背天葵叶正面和背面表皮细胞表现出明显的颜色差异，叶背面细胞的花青素含量与叶正面细胞的花青素含量明显不同。液相色谱-质谱联用分析显示叶背面细胞中有明显的花青素积累，而在叶正面细胞的提取物中几乎检测不到相关的花青素成分。

二、RNA 提取及质量检测

　　共有 4 个 RNA 样品需要测序：紫背天葵叶正面/背面表皮细胞中提取的总 RNA 和白子菜叶正面/背面表皮细胞中提取的总 RNA。根据 1%凝胶电泳和成像凝胶系统仪器检测，紫背天葵叶正面浓度为 290ng/μL，紫背天葵叶反面浓度为 192ng/μL，白子菜叶正面浓度为 398ng/μL，白子菜叶反面浓度为 286ng/μL。该检测结果表明，4 个样品的总 RNA 质量可满足后续第二代测序的要求，可进行双末端测序。

三、转录组测序和组装

　　本研究中共得到 30.436G 原始数据，过滤后的干净数据共 30.215G。使用 Trinity 软件将紫背天葵和白子菜分别进行组装。在紫背天葵样品中，组装得到 210 578 个转录本，N50 为 818；189 196 个单基因簇，N50 为 687；共有 131 967 个转录本（62.67%）长度在 200～500bp；46 344 个转录本 （22.01%）在 500～1 000bp；32 267 个转录本（15.32%）长于 1 000bp。在 白子菜样品中，组装得到 174 321 个转录本，N50 为 974；147 686 个单基因 簇，N50 为 738；共有 106 285 个转录本（60.97%）长度在 200～500bp； 37 071 个转录本（21.27%）在 500～1 000bp；30 965 个转录本（17.76%） 长于 1 000bp。

四、差异表达基因的鉴定和注释

为了获得紫背天葵叶正面/背面表皮细胞颜色差异的表达基因，采用 TPM 标准化处理基因表达量，调用 edgeR 程序对紫背天葵叶正面/背面表皮 细胞的基因表达量进行差异分析，得到 3 588 个差异表达基因。相对于绿色 的正面，红色背面有 3 338 个单基因簇上调表达，250 个单基因簇下调表达。 使用相同方法，在白子菜中得到 514 个差异表达基因。将白子菜中的 514 个 差异表达基因与紫背天葵的 3 588 个差异表达基因比对，得到 417 个直系同 源基因。因此，调控紫背天葵叶背面红色形成的基因应该存在于另外的 3 171 个差异表达基因中。将紫背天葵中组装的单基因簇进行功能注释。比 对的公共数据库包括 SwissProt 数据库，PFAM 数据库，NOG 数据库，GO 数 据库和 KEGG 数据库。比对选用 E 值小于 1e-5 的最好匹配。分析结果显示， 在公共数据库中共注释了 93 698 个单基因簇，占单基因簇总数的 49.52%。 分别在 SwissProt 数据库、PFAM 数据库、NOG 数据库和 GO 数据库注释了 90 417 （47.79%）、42 347 （22.38%）、56 402 （29.81%）和 87 686 （46.35%）个单基因簇。在 KEGG 数据库中有约 20 182 个单基因簇 （10.67%）得到注释。

用 agriGO（v2.0）软件对紫背天葵特异的 3 171 个差异表达基因进行 GO 富集分析，其中 2 824 个注释基因被分配到 3 个主要的 GO 类别，包括"生 物学过程""细胞组分"和"分子功能"。其中，2 520 个单基因簇涉及"生 物学过程"、2 552 个单基因簇涉及"细胞组分"、2 565 个单基因簇涉及"分 子功能"。在"生物学过程"类别中，"代谢过程（1 937 个单基因簇）"和 "细胞过程（2 079 个单基因簇）"包含更多的差异表达基因。在"细胞组 分"类别中，"细胞部分（2 352 单基因簇）""细胞（2 358 个单基因簇）" "细胞器（1 887 个单基因簇）"是最丰富的类别。在"分子功能"类别中， 单基因簇在"催化活性（1 442 个单基因簇）"和"结合（1 767 个单基因簇）"类别中最丰富。

五、差异表达基因的 KEGG 分类

通过比对 KEGG 数据库，进一步分析紫背天葵特异的 3 171 个差异表达基因，其中 1 860 个单基因簇得到注释信息，它们被分配到 5 个主要类别，包括 276 个通路。在 5 个主要类别中，"代谢"类别中包含 831 个单基因簇，"遗传信息处理"类别中包含 964 个单基因簇，是包含单基因簇较多的两个类别；另外，"环境信息处理"类别中包含 364 个单基因簇，"细胞进程"类别中包含 490 个单基因簇，"生物系统"类别中包含 320 个单基因簇。利用超几何分布运算对 KEGG 通路进行富集分析，定义 P 值小于 0.05 的通路为显著富集，共得到 63 个显著富集的通路。由于紫背天葵叶正面/背面表皮细胞颜色差异与花青素积累有关。鉴定了代谢类别中与色素合成相关的"苯丙素生物合成（7 个差异表达基因，k000940）""类黄酮生物合成（6 个差异表达基因，k000941）"和"黄酮和黄酮醇生物合成（1 个差异表达基因，k000944）"三种代谢途径。此外，鉴定了可能与花青素底物合成相关的七种糖类代谢途径，包括"淀粉和蔗糖代谢（26 个差异表达基因，k000500）""糖胺聚糖降解（1 个差异表达基因，k000531）""氨基糖和核苷酸糖代谢（29 个差异表达基因，k000520）""戊糖和葡萄糖醛酸酯转换（11 个差异表达基因，k000040）""糖酵解/糖异生（46 个差异表达基因，k000010）""果糖和甘露糖代谢（18 个差异表达基因，k000051）"和"半乳糖代谢（17 个差异表达基因，k000052）"。

六、花青素合成相关基因的差异表达分析

通过在公共数据库中的注释，在紫背天葵的差异表达基因中预测了 12 个参与类黄酮途径的结构基因。将以上 12 个结构基因在白子菜中调取直系同源基因，比较每个基因在紫背天葵叶正面/背面表皮细胞和白子菜叶正面/背面表皮细胞 4 个样品中的表达量。结合花青素合成途径的注释信息，鉴定出 4 个主要的花青素结构基因类黄酮 3'-羟化酶，查尔酮合成酶，二氢黄酮 4-还原酶和花青素合成酶，这 4 个基因在紫背天葵叶背面的表达水平显著高于其他 3 个样品。因此，可推测类黄酮 3'-羟化酶、查尔酮合成酶、二氢黄酮 4-还原酶和花青素合成酶的上调表达导致紫背天葵叶正面/背面表皮细胞颜色的差异。在紫背天葵叶背面，TPM 标准化处理后的类黄酮 3'-羟化酶、查尔酮合成酶、二氢黄酮 4-还原酶和花青素合成酶基因表达量与紫背天葵

叶正面表达趋势与荧光定量 PCR 验证结果一致。在花色素生物合成途径中，结构基因受转录因子 MYB、bHLH 和 WD40 家族的调控。在紫背天葵 3 171 个差异表达基因中检测到 10 个 MYBs、6 个 bHLHs 和 32 个 WD40。在紫背天葵叶背面/正面表皮细胞的基因表达量比较中，10 个 MYBs、6 个 bHLHs 和 32 个 WD40 均表现为上调表达。

七、调控紫背天葵叶背面红色形成的重要基因

根据公共数据库的注释信息，在紫背天葵叶正面/背面表皮细胞的差异表达基因中检测到的 10 个 MYBs、6 个 bHLHs 和 32 个 WD40 中，1 个 bHLH 与花青素的合成途径相关。通过 BLAST 在白子菜中得到该转录因子的直系同源基因，比较该转录因子在紫背天葵叶正面/背面表皮细胞和白子菜叶正面/背面表皮细胞四个样品中的表达量，发现该转录因子在紫白天葵叶背面表皮细胞的表达量显著高于其他 3 个样品。同时，荧光定量 PCR 的检测结果也验证了该转录因子在紫背天葵叶背面表皮细胞的表达量显著高于紫背天葵叶正面，该结果与 Illumina 测序结果一致。调取该转录因子的蛋白序列与其他物种中调控花青素途径的 bHLH 转录因子构建系统发生树。系统发育分析表明，该转录因子与拟南芥中调控花青素合成途径的 bHLH 42（TT8）在亲缘关系上相近。因此，推测该 bHLH 在调控紫背天葵的叶背面红色形成中起重要作用。

第八章　紫背天葵的贮存与加工

　　蔬菜是人们日常生活中不可缺少的食物，其所含的多种维生素和矿物质是人体必需的营养元素。由于新鲜蔬菜，特别是叶菜类含有大量水分，组织脆嫩，采收后如果不能及时上市，极易破损萎蔫、腐烂变质。因此，为了人们的平衡膳食和蔬菜的周年供应，将不能及时上市的蔬菜进行适当的贮存、加工处理，对减少损失、调节市场余缺、实现蔬菜的周年供应、提高蔬菜产品的价值都有重要的意义。紫背天葵富含多种纤维素及多种微量元素、氨基酸和蛋白质、花青素、黄酮类物质和挥发油等，是药食同源类特色蔬菜，受到越来越多消费者的喜爱。紫背天葵蒸腾和呼吸作用旺盛，贮藏过程中感官和食用品质下降迅速，营养物质流失严重，增加了损失率。因此，了解紫背天葵采后贮存保鲜技术或以其开发出功能食品意义重大。

第一节　人工因素对紫背天葵采后贮存的影响

　　紫背天葵采后由于自身生理生化变化的存在特别是蒸腾和呼吸作用旺盛，组织水分含量高，容易发生失水而萎蔫、物质含量减少而营养价值下降、鲜绿和紫色的变暗而变色、采收后微生物繁殖迅速而腐烂等，影响其商品性和贮藏时间。因此，紫背天葵采后贮藏保鲜和加工非常重要，加强紫背天葵采前因素，采收时机和方法，采后的预冷、整修、清洗、分级、包装、运输、贮藏和销售过程商品化处理、保鲜技术与方法研发，从而减少采后损失和提高附加值。影响紫背天葵品质和采后贮藏性的因素主要包括采前、采收和采后三方面。

一、采前因素

　　紫背天葵采前因素主要包括：生物因素（包括种类和品种、田间生育状况、成熟度等）、生态因素（主要包括温度、光照、水分、土壤以及地理因素等）和农业技术因素（包括施肥、灌溉、化学药剂的使用等）。

　　一般来说，与大多数叶菜类相比，紫背天葵贮藏性稍好，对病虫害有一定的抵抗能力，微生物引起的腐烂较轻，产品形态、风味、品质及营养物质的变化相对较慢。紫背天葵有其最耐储运的适宜成熟度，高于或低于这个度，都会影响其产品的耐储性，从而降低其商品价值。适当温度和光照可以提高紫背天葵光合能力，诱导黄酮类化合物、抗坏血酸和维生素 C 的积累，还可提高可溶性固形物和葡萄糖的含量，从而增强紫背天葵的抗病性，在一定程度上提高紫背天葵的营养品质，并延缓紫背天葵的衰老。此外，不同追肥处理对紫背天葵保鲜效果有明显影响，多施磷肥的紫背天葵冷藏保鲜效果好于施氮肥的，耐贮藏性相对较好。

二、采收因素

紫背天葵一般为多年生栽培，且生长茂盛，茎脆嫩易折，因此常用手直接折断采收。人工采收紫背天葵具有针对性强和损伤少的优点，有利于初步的产品分级，减少外伤和微生物的感染。

为更好地保证商品紫背天葵的贮藏和销售，在盛夏或冬季，紫背天葵长势偏慢，侧枝纤维化程度较高，此时常以不锈钢刀具收割，以减少对枝条的伤害。这样采收的紫背天葵在冷藏保鲜期间水分损失少、变色度轻、丙二醛形成少、前期多酚氧化酶活性低。使用不锈钢刀具收割紫背天葵能够有效地提高产品的冷藏保鲜效果，有利于其新鲜度和品质的保持。

三、采后因素

紫背天葵采后的整理、挑选、分级、清洗、防腐、包装、预冷、贮藏、运输等都对其采后品质和贮藏性有重要影响，采用适当的处理技术可极大地减少采后损失，延缓紫背天葵的衰老，保持产品的商品性和可销售性。

需要特别强调的是，蔬菜冷链物流已在我国逐渐普及，在蔬菜保鲜和流通中发挥十分重要的作用。包括紫背天葵在内的叶菜类实现全程冷链物流，应在保证其安全的前提下，做到成本最小化、周期最短化和物流质量最优化；通过冷链技术保鲜蔬菜，可以将保鲜期延长约 10d。大力推广使用蔬菜冷链技术，可极大地改善紫背天葵商品流通的质量，促进采后产业的发展。

第二节　环境因素对紫背天葵采后贮存的影响

适宜的贮藏条件有利于降低紫背天葵的呼吸强度，减少可溶性固形物、可滴定酸及维生素 C、叶绿素及花青素等损失，延缓衰老，保持其商品性状和产品风味；还可保持紫背天葵的细胞膜透性、延缓 O^{2-} 和丙二醛的积累，将过氧化氢酶、超氧化物歧化酶、过氧化物酶维持在较高的生物活性水平，推迟变色及腐烂的发生，延长紫背天葵的贮藏期和货价期。

一、温度与湿度

采后的温度控制是影响紫背天葵贮藏时间和品质的重要手段，也是冷链物流中最重要环节，采后立即预冷可使紫背天葵保存时间更长。温度与紫背天葵呼吸强度的关系十分密切，温度越高，呼吸强度越强，衰老越快。较高温度条件下，紫背天葵呼吸强度旺盛，叶绿素及花青素等物质降解多、乙烯合成快，细胞膜衰老进程加快，引起叶片褪色。在一定的温度范围内，温度每上升 10℃，紫背天葵衰败率会加快 2~3 倍，并可加速生理劣变的产生和腐烂作用。紫背天葵采后在常温下呼吸强度旺盛，叶片的呼吸趋势与跃变型果实相似，有明显的呼吸高峰，呼吸高峰的出现意味着进入衰老阶段；有研究表明，0℃ 条件下紫背天葵没有冷害症状，表明其对贮藏低温不敏感且 0℃ 适合紫背天葵的保鲜贮藏。0℃ 条件下保存紫背天葵，不仅能有效保证其品质，而且可以显著控制膜脂过氧化反应，推迟腐坏的发生，贮藏期达到 10d 以上。

湿度对紫背天葵的保鲜也有巨大作用。紫背天葵叶片表面积大，无表面保护层，加上气孔和皮孔多，收获后因内外部的温差，新鲜叶片极易失水萎蔫，失去新鲜挺拔的状态；紫背天葵的水分含量高达 96%，干物质少，自身呼吸代谢旺盛、对乙烯敏感，易受外界环境条件影响，易衰老，不易保持品质。高温会促进蒸腾作用，低温则抑制蒸腾。通常情况下，温度与湿度呈反比而低温则可以相对地控制湿度，从而有效抑制腐烂的发生。

近年来，在紫背天葵采后贮藏过程中普遍注意温度控制的同时，对湿度控制的关注度也有所增加。贮藏的湿度与包装材料、微环境与室温的温差、以及冷藏设备的空间、气体交换速率等因素有关。研究表明，紫背天葵在温度 0℃，湿度 95% 左右环境贮藏最佳。因此，在控制温度的条件下，贮藏紫背天葵时需注意保持贮藏环境的适宜湿度或以包装袋包装，以维持相对的高湿环境，从而减少蒸腾失水，使紫背天葵在贮藏期可以保持较高的新鲜度。

二、气体成分

影响紫背天葵采后贮藏品质的主要气体为 O_2、CO_2 和乙烯。O_2 和 CO_2 通过影响紫背天葵的呼吸代谢来影响其贮藏寿命。与大气贮藏相比，高 CO_2 和

低 O_2 条件下，延迟了呼吸高峰期，可以通过推迟变色的发生，延缓衰老，从而达到延长贮藏期的目的。过分的低氧环境容易促进厌氧微生物的繁殖，且会形成乙醛的大量积累，使紫背天葵产生一些讨厌的气味。过高的 CO_2 也会导致外观品质的下降和营养物质的流失。一般来说，在 CO_2 浓度超过 10% ~ 15%的贮藏过程中，尤其是长期处于这种环境下，就会引起 CO_2 伤害，缩短产品的贮藏寿命。紫背天葵贮藏最适气体条件为 O_2 约 1.5%，CO_2 约 3%。

乙烯是植物体自身代谢产生的物质，在生长、发育及贮藏阶段有着重要的作用。采收后的蔬菜都会主动或被动的被内、外源乙烯诱导，产生一些生物活性物质。总的来说，乙烯可以加速植物组织的发育、成熟和衰老，对于不同的蔬菜种类和特定的发育阶段，它是有利因素，而同样的作用对应于其他种类的蔬菜和不同的发育阶段，它又是不利因素。就紫背天葵而言，乙烯促进叶绿素的分解同时加速叶片的衰老进程，刺激呼吸强度，使叶片黄化、脱落，加速组织木质化，甚至引起生理紊乱。采后的生理与非生理胁迫因素，都会加速乙烯的生物合成。

三、机械损伤

在采收、分级、包装、运输和贮藏过程中，紫背天葵常常会受到挤压、震动、碰撞、摩擦等机械损伤。紫背天葵新鲜组织的细胞大、间隙多、柔嫩、机械损伤诱导产生一系列的生理效应，包括乙烯的合成、呼吸强度的增强、细胞膜的损伤等，严重情况下导致组织崩溃，商品性状丧失。伤口发出的诱导信号，从受损伤组织，向附近未受伤的组织传播，从而影响酚类物质的生理代谢。在损伤的紫背天葵叶片中，信号从伤口到未受伤的组织传递。挥发性成分会因损伤而流失，包括苯丙脂、萜类化合物；茉莉酸、生长素、脱落酸、活性氧及水杨酸都与愈伤有关联。一般来说，机械伤处理显著地提高了紫背天葵贮藏过程中的呼吸速率，刺激了乙烯的释放，同时机械伤破坏了正常细胞中酶与底物的空间分隔，扩大了与空气的接触面，为酶促变色和微生物侵染创造了条件，加速了产品的衰败。机械损伤可启动膜脂过氧化进程，提高衰老基因的表达，并认为这是导致紫背天葵衰老的主要诱导因素。

第三节　紫背天葵相关成分提取

近年来，紫背天葵作为鲜食蔬菜已有一定面积的商品化种植。现代研究证明，紫背天葵富含造血功能的铁素、维生素 A 原、黄酮类化合物及酶化剂锰等多种元素，具有营养保健等多种功效。紫背天葵所富含的花青素具有抗氧化、抑菌抗炎，抗衰老、抗癌以及对肝脏、心脑血管及视力的保护等许多功效；富含叶绿素能提供大量的维生素 C 与无机盐、微量元素铁等成分，具有补血、抗氧化、解毒脱臭、杀菌消炎以及抗衰老、抗癌、防止基因突变等功能。人工种植紫背天葵病虫害少，管理简单且产量极高，但鲜食紫背天葵有特殊味道而难以作为普通蔬菜大面积种植。因此，对紫背天葵相关成分提取利用将具有广阔的前景。

一、紫背天葵红色素提取

紫背天葵的成分提取按照溶剂极性分类主要有：水提取物、乙醇提取物、甲醇提取物、乙酸乙酯提取物、乙醚提取物等，其中以水提取物和乙醇提取物研究应用较多。水提取物中主要含紫红色的花色苷及多糖等，乙醇提取物中主要含包括花色苷、黄酮等在内的酚类化合物及叶绿素等。酚类化合物是紫背天葵提取物中的重要功效成分。紫背天葵各级提取物均有不同程度的抗氧化、抑菌、消炎的功效。紫背天葵的紫红色素是其提取利用的主要成分。紫背天葵的紫红色素为花色苷，是一种水溶性色素，可添加应用于饮品、面点、果冻等食品中，除了具有染色的作用外，还有抑菌的功效。紫背天葵的花色苷主要分布在叶背表皮，且因具有多酰基化结构从而对热相对较稳定，可通过简单的热水浸提充分提取出来。

1. 叶片前处理

植物花色苷的提取效率和提取率是与提取材料本身的组织质地、花色苷的分布等特性紧密相关的。如紫马铃薯、紫甘薯等材料最好经过粉碎等减小粒径的预处理手段来获得有效的花色苷提取。但是红凤菜叶片中除了花色苷外还含有大量叶绿素及其他会降低提取物色价的物质，将叶片搅碎提取会增加后续繁琐的纯化步骤。不过适当的切分能够提高紫背天葵鲜叶的花色苷提取效率及提取物的品质，如剪成约 8mm×8mm 小块。

植物原料在干制过程中会损失一部分花色苷，因此花色苷的提取一般采用鲜叶。而鲜叶中的生物酶在花色苷提取中会破坏花色苷的稳定性，导致提取液褪色或褐变，因此提取前最好先对原料进行灭酶处理。紫背天葵叶片沸水热烫 10s 即可达到较好的钝化酶的效果，与无热烫的对比，可明显延长紫红色提取液（60℃水浸提）的保存时间；若采用 95℃以上的温度提取，则可略过热烫前处理这一步骤。

2. 提取溶剂选择

尽管普通的纯水即可作为紫背天葵花色苷的提取溶剂，但若采用酸性溶剂则能提高花色苷的稳定性和提取效率。应该选择如柠檬酸这类弱酸而不使用强酸，强酸性溶剂的腐蚀性强，在提取中迅速破坏细胞结构，使叶肉中的生物酶及其他杂质溶出，破坏花色苷的稳定性，且在后续提取液浓缩中破坏花色苷的结构。

适量乙醇能够提高紫背天葵花色苷的提取速率，以不超过 25% 浓度为宜，乙醇浓度太高则叶肉中的叶绿素大量浸出，影响花色苷提取液的色泽。

3. 提取温度的选择

花色苷的浸提大多在室温下或不超过 60℃。温度低则提取时间长，温度高提取时间短。紫背天葵的花色苷因仅分布在薄薄的叶背表皮，且相对桑葚、蓝莓等原料的花色苷来说对热更稳定，采用沸水浸提仅需 10~15min 即可将叶片中 90% 以上花色苷提取出来，且花色苷的损失也不大，若采用微波辅助提取，则仅需要 2min 左右。温度是影响紫背天葵花色苷提取效率的显著因子。

4. 色素的纯化

大孔吸附树脂是一种具有大孔结构的有机高分子共聚体，是一类人工合成的有机高聚物吸附剂。因其具多孔性结构而具筛选性，又通过表面吸附、表面电性或形成氢键而具吸附性。一般为球形颗粒状，粒度多为 20~60 目。大孔树脂有非极性、弱极性、极性之分。大孔吸附树脂理化性质稳定，一般不溶于酸碱及有机溶媒，在水和有机溶剂中可以吸收溶剂而膨胀。极性大孔吸附树脂对紫背天葵花色苷有很好的吸附效果。紫背天葵花色苷水提液用极性树脂吸附后，用 50% 乙醇洗脱，再浓缩除去乙醇，则可以得到色价和纯度都较高的色素提取物，且纯化后的紫背天葵花色苷提取物的热稳定性和抗氧化活性都高于粗提物，这扩大了色素的应用范围。

紫背天葵重要成分除红色素（主要成分为花青素）外，还有槲皮素、山奈酚及其苷类物质。要获取紫背天葵上述黄酮类化合物，干燥的紫背天葵可采用 70% 浓度的乙醇水溶液进行提取，新鲜的紫背天葵采用 95% 乙醇水溶液进行提取。将紫背天葵鲜叶匀浆后在 50℃ 条件下超声辅助提取 1h，过滤，滤渣重复提取一次，合并滤液并浓缩后置于冰箱中沉淀去杂，取滤液，减压浓缩去除残余乙醇，采用极性或非极性大孔树脂对滤液进行吸附，以 80% 乙醇解析，则得到紫背天葵总黄酮提取物。

二、紫背天葵两种主要色素的同时提取

人们日常所食用的食品以及饮料等添加剂色素分为天然色素和人工合成色素，在合成色素发明之前，人类使用的都是天然色素，由于天然色素的成本远高于化学合成色素，因此目前市场上作为食品着色剂的色素几乎都为人工色素。随着研究的深入，人们发现大多人工色素食品添加剂具有副作用，某些合成色素食用过量甚至有致癌的危险，而大多天然色素具有安全性高、且具营养保健等多种功效，目前开发新品种的天然色素已是现代食品工业发展的迫切需要，而紫背天葵正面浓绿，背面深紫，且产量极高，非常适宜开发出花青素和叶绿素等天然食用色素。目前已有紫背天葵花青素和叶绿素混合在一起的产品，然而此类产品色泽灰暗、感官差。也有紫背天葵水提取液产品，但该产品利用率低且色调单一。因此，通过分类出的紫背天葵叶绿素和花青素色泽亮丽，具有很好的视觉效果，以此为添加剂，非常适合于现代食品工业发展需要。

选取正面浓绿、背面深紫色的紫背天葵品种为材料，待该品种紫背天葵长约20cm时，采收顶部嫩茎叶长约16cm，洗净后在沸水煮泡，沸水中煮泡分2次进行，第一次用水量与紫背天葵的重量比为（3~5）：1，煮泡5min，获得一次富含花青素水溶液，倒出，再用同体积的沸水煮泡7min，获得二次富含花青素水溶液。富含花青素水溶液经进一步纯化、浓缩及干燥获得紫红色花青素粉末。花青素水溶液取出后，剩下紫背天葵直接烘干后粉碎，获得富含叶绿素粉末。该法制备的富含花青素粉末以及富含叶绿素粉末可直接用于主食、蛋糕、冷饮及饮料中。

三、紫背天葵花青素粉末的提取

天然色素如花青素等具有食用安全性高、且具营养保健等功效，但天然花青素获取普遍需要耗费较高成本且稳定性差等缺陷，并且传统提取天然花青素的工艺获得的提取物通常是液态状，不利于储存和应用，因此，开发得率高、稳定性好以及适于较长时间保存的固态状天然花青素纯品是现代食品工业发展的迫切需要。紫背天葵叶片富含花青素（包括矢车菊色素、天竺葵色素、翠雀素以及锦葵素等），其富含的特殊花青素水溶液（或烘干获取的花青素粉末）稳定性强，安全无毒副作用，具有预防心脑血管疾病、护肝、抗癌、抗氧化以及清除自由基及增强人体免疫力等多种功效，同时，紫背天葵花青素对细菌及酵母菌具有明显的抑制作用，具有很好的保鲜效果，因此，从

紫背天葵中开发出天然食用色素——花青素粉末将具有广阔的应用前景。

紫背天葵花青素粉末是以其叶片为原材料，通过杀青、失水、超声波提取、喷雾干燥等措施，获取紫背天葵叶片中花青素粉末，该产品可作为高档食品饮料等添加剂，具有营养保健及护色等多种功效。紫背天葵叶片中花青素粉末提取步骤如下。

第一步，选取富含花青素的紫背天葵（正面浓绿、背面深紫）种苗进行人工驯化栽培种植，待该类紫背天葵长至约 22cm 时，采收上部嫩茎叶长约 18cm；取其嫩叶及顶端 3~5cm 嫩茎叶为材料，洗净甩干后放入 110℃ 茶叶烘焙机（型号：TYS-6CHG-6）杀青 25~30min，再调节烘焙机温度至 68~72℃ 继续烘焙 90~100min，使紫背天葵叶片失水 60% 左右；采用纯水做溶剂，料液比在 1:3 至 1:4（g/mL）、温度 80℃、功率 270W 环境下通过超声波（型号：KQ-33DE）提取 40~50min。

第二步，用纱布过滤并用力挤压紫背天葵混合物，所得高浓度花青素水溶液进行喷雾干燥机干燥（型号：YC-1800；风机温度 120℃；压力：0.2Mpa），最后获得紫红色花青素粉末。

第三步，获取的紫红色花青素纯品粉末可直接用于食品或饮料等配方或用棕色玻璃瓶分装后密封，在 0~4℃ 环境下保存 6~8 个月之内再用于作为食品或饮料等配方。

此方法采用富含花青素紫背天葵嫩叶，通过杀青并使其适当失水后再超声波提取，获得较高浓度的花青素水溶液，最后通过喷雾干燥机干燥，在较短时间内获得稳定性好、适于较长时间保存的花青素粉末。同时，该方法采取的紫背天葵嫩叶年产量可达 2 500kg/667m^2，嫩叶中花青素纯品得率可达 7.5%~8.5%，因此，每 667m^2 田地一年可获取 200kg 左右的花青素纯品原材料，本花青素纯品可替代部分人工合成色素，并开发出具有保健功效的不同功能性食品。同时，此方法获取的天然花青素纯品不仅具有很高的营养价值和保健功效，且得率高、颜色艳丽、稳定性好，具有很好的开发前景。

四、紫背天葵纯露和花青素的同时提取

紫背天葵嫩茎叶富含挥发油，具有特殊气味，因此影响其作为普通蔬菜进一步普及；同时，紫背天葵嫩茎叶富含花青素，直接炒熟后颜色紫红，作为蔬菜食用色泽特殊，这也不利于作为普通蔬菜进一步普及。而紫背天葵纯露富含的挥发油主要为萜烯类及其含氧衍生物，具有多种生物活性，并且是某些中药的主要有效成分，紫背天葵嫩茎叶挥发油中的 α-蒎烯、β-蒎烯、

石竹烯、芳樟醇等活性有效成分，分别具有发汗、平喘、镇咳、祛痰、抗菌、抗病毒等功效，石竹烯临床上常用于治疗气管炎；石竹烯、香橙烯等对皮肤消炎及治疗消化系统溃疡也有积极作用。另外，α-蒎烯和β-蒎烯还是合成樟脑、合成香料、合成树脂、医药和其他有机合成工业的原料；石竹烯可作香料或定香剂，在香料工业中有广泛用途。

紫背天葵富含花青素，花青素不仅使植物呈现出红、橙、黄、蓝、紫等丰富的颜色，同时对植物自身具有抗逆境胁迫等作用，此外，紫背天葵花青素作为天然色素，对人体有抗氧化和延缓衰老以及护肝、防癌和预防心脑血管疾病等多种药理功效。由于花青素的诸多作用，近年来已在园艺、作物改良以及营养和药理等方面引起了广泛关注。目前，关于紫背天葵花青素分离提取、功效评价等相关研究有较为详细的研究报道。

因此，根据紫背天葵作为蔬菜食用含有特殊气味（挥发油）以及炒食后紫红（花青素）等缺点，通过对紫背天葵嫩茎叶水蒸气蒸馏冷凝获得紫背天葵纯露，容器底部获得浓缩的花青素水溶液，中间隔层除去挥发油和花青素的紫背天葵进一步清洗、拧干、剁碎后，作为蔬菜炒食或烘干保存作为蔬菜干品利用。具体步骤如下。

第一步，在春季紫背天葵生长旺季时，选择背面深紫色的紫背天葵资源，待该类紫背天葵长至25cm左右时，采收顶端茎叶长约20cm。

第二步，将采收的紫背天葵放入钢制圆柱形挥发油提取器内部的隔层上，隔层底部放1~2倍体积的纯净水，提取器上层接入自来水冷却。整个提取器放入电磁灶上2 200W加热2~2.5h。

第三步，期间用容器接收冷凝后的蒸馏水即为紫背天葵纯露；加热1.5~2.5h后，提取器底部即为浓缩的花青素水溶液，此时获取的紫背天葵纯露和浓缩的花青素水溶液比为（2~3）：1。

第四步，除去挥发油（纯露）和花青素后的紫背天葵，进一步清洗、拧干、剁碎后，作为蔬菜炒食或再烘干保存作为蔬菜干品利用。

紫背天葵富含丰富的营养成分且具有很好的药理功效，是一种典型的药食同源蔬菜。然而，紫背天葵嫩茎叶富含挥发油，具有特殊气味；同时，紫背天葵嫩茎叶富含花青素，直接炒熟后颜色紫红，作为蔬菜食用色泽特殊，以上2点不足阻碍紫背天葵作为普通蔬菜进一步普及。本方法通过对紫背天葵嫩茎叶水蒸气蒸馏获得纯露（富含挥发油等），渣液过滤获得花青素浓缩液，渣进一步清洗拧干水分、剁碎作为蔬菜炒食或烘干保存作为蔬菜干品利用。此方法同时获取的紫背天葵纯露、花青素浓缩液及无特殊气味和颜色的蔬菜制品，对紫背天葵的商品化开发具有很好的前景。

第四节　紫背天葵的加工利用

作为一种功能性蔬菜，炒食紫背天葵方法多样，同时，紫背天葵可以简单地干制用于泡茶或煮凉茶，也可干制磨粉或新鲜榨汁后作为原料之一添加至糕点、面点、酒水等食品中。同时，由于紫背天葵富含花青素，其水浸提液呈鲜艳的紫红色，因此也将其花青素提取物作为功能性色素对食品进行添加着色，如含天然色素的饮料、果冻、冰棒等，相比蓝莓、桑葚等大多数来源的花青素，紫背天葵所含花青素在弱酸性甚至接近中性的 pH 条件下均有较好的加工稳定性，尤其在经过大孔树脂分离纯化后稳定性更高。因此，紫背天葵花青素在食品加工中的应用前景广泛。

一、紫背天葵炒食

紫背天葵是典型的药食同源蔬菜，所以很多人都会通过饮食来获取紫背天葵的营养价值和药用价值。紫背天葵作为蔬菜食用方法多样。

1. 凉拌紫背天葵

紫背天葵清洗干净约 300g，放入锅内开水中稍微焯一下，然后马上捞出沥干；将大蒜剁碎加糖、盐、白醋、红油、剁椒、香油，搅拌均匀做成酱料；最后将酱料与煮好的紫背天葵搅拌在一起即可。

2. 蒜泥紫背天葵

洗净紫背天葵，切成小段，剁碎蒜备用；锅中热油，将紫背天葵和蒜一起翻进去爆炒加盐即可。

3. 双丸滚紫背天葵

准备紫背天葵 300g，鱼皮饺 100g，章鱼饺 100g，油、盐、胡椒适量；水开之后，把鱼皮饺和章鱼饺放进去煮；再次滚开之后加入紫背天葵；20min 后加入胡椒粉等调味料即可。

4. 紫背天葵炒猪肝

姜切丝，葱切段；锅里倒入少许食用油，放入麻椒炒香，倒出一半油备用；放入猪肝爆炒，放入姜丝和葱段翻炒，调入适量盐和鸡精，翻拌均匀后装起备用；热锅里倒入另一半油，放入紫背天葵爆炒，调入适量盐和鸡精；再倒入猪肝，拌匀后即可。

5. 上汤紫背天葵

皮蛋去壳，切成小丁；大蒜剥皮，拍开，备用；锅里注入清水烧开，放入紫背天葵，倒入少许食用油，大火煮沸；将紫背天葵焯软后捞起备用；烧热锅倒入少许食用油，放入大蒜，爆出香味，注入适量清水煮开；倒入皮蛋丁略煮，再倒入紫背天葵，调入适量盐和鸡精，拌匀后即可。

二、紫背天葵复合果蔬汁饮料

以紫背天葵汁和绿茶为主要原料制备复合果蔬茶饮料。成品可溶性固形物为 5.2%（以白砂糖计），总酚为 12.64mg/mL，总黄酮为 0.47μg/mL，维生素 C 为 210.16μg/mL，饮料呈黄绿色，质地均匀且具有紫背天葵和茶叶香气。操作要点如下。

1. 紫背天葵汁的制备

挑选茎叶完好、无虫害的新鲜紫背天葵，在 90℃ 下热烫 2min，热烫完毕后用冷水冷却。将冷却后的紫背天葵，切成 2cm 细段，方便打浆；按 1∶15 的料液比加水打浆，四层纱布进行过滤，备用。

2. 茶水的制备

茶叶浸提、过滤，茶水比例 1∶50（V/V），浸提温度为 85℃，浸提两次，每次浸提时间为 4min，纱布过滤，保留浸提液，备用。

3. 紫背天葵汁与茶水的复配

将紫背天葵汁与茶水按 1∶1（V/V）复配，同时添加白砂糖 5%、柠檬酸 0.05% 与其混合。

4. 添加稳定剂

称取复配稳定剂黄原胶 0.2%、海藻酸钠 0.07%、羧甲基纤维素 0.08%，先用热的茶水混合，再用高速分散机 6 000r/min 进行旋转，最后超声 20min 使添加剂完全溶解。

5. 均质

将添加白砂糖、柠檬酸、稳定剂后的复合茶饮料在 30MPa 均质压力下均质两次。

6. 灭菌

巴氏灭菌，在 85℃ 杀菌 10~15min。

三、紫背天葵浸提液复合饮料

以新鲜紫背天葵制备紫红色的水提液，再以紫背天葵水提液、红葡萄汁、蓝莓汁为主要原料，制作色泽和风味俱佳的紫背天葵复合饮料。红葡萄汁和蓝莓汁酸甜可口，具有怡人芳香，同时也富含花色苷等多酚，具有抗氧化的功效，将红葡萄汁、蓝莓汁与紫背天葵水提液进行复配，既可以弥补紫背天葵水提液风味上的不足，又能对紫背天葵水提液的抗氧化活性协同增效。调配后的复合饮料呈较鲜艳的深红色，质地均匀透亮，酸甜适中，有怡人的混合果香和淡淡的紫背天葵气味。可溶性固形物含量为 10.6%，pH 值为 3.06。操作要点如下。

紫背天葵浸提液的制备：新鲜紫背天葵叶片挑拣清洗，按照 1：10（g/mL）料液比投入沸水中，浸提 15min 后立即用 100 目尼龙网布过滤，得紫背天葵紫红色水提液，加入适量纯净水补足提取中蒸发掉的水分，备用。

1. 果汁的制备

红葡萄浓缩汁加水还原至原汁，可溶性固形物 14%；蓝莓浓缩汁加水还原至原汁，可溶性固形物 11%。

2. 混合调配

紫背天葵水提液：红葡萄汁：蓝莓汁质量比 4：1：2，混合后加入蔗糖、柠檬酸、柠檬酸钠，原液添加量 700g/kg、蔗糖添加量 80g/kg、柠檬酸添加量 0.4g/kg、柠檬酸钠添加量 0.3g/kg。合适的糖酸比是该复合饮料调配中的关键。

3. 均质

调配好的复合饮料在 30MPa 压力下均质 2 次。

4. 灭菌罐装

125℃超高温灭菌 15s，冷却罐装。

四、紫背天葵甘蔗汁

甘蔗的营养价值很高，它含有水分比较多，含糖量最为丰富。此外，经科学分析，甘蔗还含有人体所需的蛋白质、脂肪、钙、磷、铁以及天门冬氨酸、谷氨酸、丝氨酸、丙氨酸等多种有利于人体的氨基酸，以及维生素 B_1、维生素 B_2、维生素 B_6 和维生素 C 等。甘蔗的含铁量在各种水果中雄踞冠军宝座。甘蔗榨成汁，并不会破坏以上营养成分，并且口感更佳。我国古代医学家还将甘蔗列入"补益药"。中医认为，甘蔗入肺、胃二经，具有清热、生津、下气、润燥、补肺益胃的特殊效果。甘蔗可治疗因热病引起的伤津，心烦口渴，反胃呕吐，肺燥引发的咳嗽气喘。此外，甘蔗还可以通便解结，饮其汁还可缓解酒精中毒。然而普通制作的甘蔗汁保鲜时间太短，常温

（20~25℃）保存下3h后就会腐败发酵变质，误食后容易引起中毒。同时，甘蔗汁颜色较为单调、视觉效果不佳等。

紫背天葵富含造血功能的铁素、维生素A原、黄酮类化合物及酶化剂锰元素，具有活血止血、解毒消肿等功效，对儿童和老人具有较好的保健功能。紫背天葵中富含的锌、锰、维生素E、黄酮类物质等成分具有增强机体免疫力的作用，铁、铜等对治疗营养型贫血等血液病有很好的疗效。同时紫背天葵中富含的维生素C以及铁、铜、镁等微量元素可增强抗氧化和清除自由基作用，延缓人体衰老。用凉开水（或纯净水）浸泡或沸水煮出的紫背天葵汁基本保留了紫背天葵的营养保健成分。

为了解决甘蔗汁保鲜时间短、颜色较为单调等问题，用紫背天葵水溶液加入甘蔗汁中，该方法简便、成本低廉、适用性强，实现了甘蔗汁在保鲜、色泽及营养等方面的全面提升。具体步骤为：取紫背天葵顶部嫩茎叶，洗净后用凉开水或纯净水按质量比为1∶（2~5）混合煮沸5~15min或浸泡10~15h；将紫背天葵溶液与去皮鲜甘蔗按质量比为（1~3）∶10，一起混合加入榨汁机中榨汁，过滤即可。

由于紫背天葵水溶液对细菌及酵母菌具有明显的抑制作用，将紫背天葵水溶液加入甘蔗汁中制成的混合甘蔗汁，在常温下（20~25℃）保鲜时间比普通甘蔗汁保鲜时间延长一倍（8h）以上，如果在4℃条件下保鲜，混合甘蔗汁保存时间在10d以上依然口感清甜、色泽鲜艳；同时，紫背天葵水溶液中的花青素加入甘蔗汁中使其颜色变成楚楚动人的紫红色，具有很好的视觉效果；此外，甘蔗汁中混有紫背天葵水溶液，除保存了原来甘蔗汁中的所有营养成分外，又加入了紫背天葵中富含的多种微量元素及黄酮类化合物，使其口感更佳。

五、紫背天葵复合茶饮料

茶饮料按产品风味分为茶饮料（茶汤）、调味茶饮料、复（混）合茶饮料及茶浓缩液四类。这些茶饮料是由水浸泡茶叶后经抽提、过滤、澄清等工艺制成的茶汤或在茶汤中加入水、糖液、酸味剂、食用香精、果汁或植（谷）物抽提液等调制加工而成的制品。一般茶饮料的液体体系不稳定，容易氧化，高温变褐，失去色泽、改变滋味和破坏香气。因此，为了保护色泽、防止沉淀，提高稳定性和延长保质期，许多茶饮料添加了人工抗氧化剂、防腐剂、螯合剂和色素等物质，而随着人们生活水平的普遍提高，追求天然无副作用且保质期相对较长的茶饮料成为一种时尚。目前有报道黄秋葵茶、黄秋葵饮料或黄秋葵果蔬汁饮料等开发研究，但相关产品目前还未能够在纯天然状态下具备较长的保质期。因此，以烘干的嫩果黄秋葵为主要原材料，配以天然添加剂甜叶菊和紫背天葵花青素水溶液生产出的天然复合茶饮料，在保证纯天然状态下，具有营养保健功效，口感色泽好且具有较长保质期。

以紫背天葵为添加剂的一种天然植物源复合茶饮料的制备方法：以烘干的黄秋葵和甜叶菊以及新鲜紫背天葵为原料，加纯净水煮沸，冷却后去除残渣即获得该复合茶饮料。该复合茶饮料香甜可口、营养健康、颜色鲜艳且保质期较长。天然植物源复合茶饮料，由以下比例原料制成：黄秋葵 10 份，甜叶菊 1 份，紫背天葵 15 份和纯净水 124～174 份。上述天然植物源复合茶饮料的制备方法具体步骤如下。

第一步，采收黄秋葵嫩果荚（成熟度与普通炒食嫩果荚相当）洗净切片，斜切宽度 3cm 长，放置 58～66℃烘干箱烘烤约 8h，待黄秋葵果荚变成黄绿色后，再把烘干箱温度调至 110～120℃烘烤 0.5h，此时黄秋葵为黄褐色且具有浓郁芳香味道，稍冷却后立即密封包装备用。

第二步，采收新鲜的甜叶菊叶片或嫩茎叶，洗净后同样在 58～66℃烘干箱烘烤 8h（可与黄秋葵果荚同时烘烤），烘干冷却后密封包装备用。

第三步，制备天然植物源复合茶饮料时，新采收紫背天葵嫩茎叶（10～15cm 长）与之前烘干备用的黄秋葵、甜叶菊以及纯净水混合煮沸 5～8min。

第四步，煮沸后的混合物自然冷却后，去除残渣，即获得天然植物源复合茶饮料，可进一步灭菌后瓶装。

制备上述茶饮料采用烘烤干度适宜的黄秋葵果荚，是为了避免干度不够的特殊异味，以及烘烤过干的焦味，此条件烘干获得的黄秋葵气味芳香浓郁；而且具有助消化、抗癌、抗肿瘤、消炎、健胃、保肝及增强人体耐力等保健功效。同时，通过添加烘干后的甜叶菊，能保证该茶饮料口感好、甜度适宜，从而避免淡而无味；而且其具有调节血压、软化血管、降低血脂、降血糖等功能。此外，添加新鲜的紫背天葵一起煮沸，获得紫背天葵中花青素水溶液，不仅保证了该复合茶饮料颜色动人，该花青素对细菌及酵母菌具有明显的抑制作用，具有特殊保鲜抑菌功效，使该复合茶饮料在常温下保存 7d，4℃条件下保质期在 2 个月以上；同时，紫背天葵花青素水溶液使该复合茶饮料具有提高儿童食欲及防止老年痴呆等特殊功效。

六、紫背天葵双色面条

紫背天葵的叶背为紫色，叶面为绿色，若是直接将紫背天葵叶片打浆，则紫色色素和绿色色素混合，蔬菜浆颜色发暗，不够明亮。先将叶背花色苷提取出来，可用于制作紫色的面条或其他紫色、紫红色产品；提取花色苷后的叶片为绿色，此时将叶片打成蔬菜浆可用于制作较鲜艳的绿色面条。紫背天葵双色面条操作要点如下。

紫背天葵花色苷提取：紫背天葵叶片洗净，按叶片：纯净水约 1:10 的质量比加入煮沸的纯净水，煮沸保持 10min，自然冷却至 60℃，100 目尼龙网布过滤。

提取液浓缩：将紫背天葵花色苷提取滤液于 60℃下减压浓缩至原体积的 5%，得到无异味的深红紫色花色苷浓缩液。花色苷提取液浓缩倍数太低的话，制得的面条色泽不够鲜艳，浓缩倍数太高，则耗费时间且不利于花色苷稳定。

绿色菜浆制备：将提取花色苷后的紫背天葵叶片按照 1:1 的质量比加入煮沸的纯净水，保持煮沸 2min 灭酶，用均质机充分打碎，得紫背天葵绿色菜浆。

面团制作：根据面条配方需要进行混料。如紫色面团：花色苷浓缩液 300 份、小麦粉 500 份，食盐 5 份，黄原胶 2 份；绿色面团：绿色菜浆 280 份、小麦粉 500 份，食盐 5 份，黄原胶 1 份。注意紫色面条的制作中不能加入碱，以免破坏花色苷的稳定性，影响成品色泽。

面条制作：将紫色和绿色面团分别经过和面、醒面、轧片、切条、干燥和切断后得到耐煮耐贮藏的紫背天葵双色保健面条。

七、紫背天葵蔬菜纸

蔬菜纸保留了新鲜蔬菜原有的自然风味、色泽与各种营养成分，便携且食用方便。紫背天葵制成的菜泥细腻，非常适合做蔬菜纸类产品。紫背天葵蔬菜纸制作的操作要点如下。

烫漂：将紫背天葵放入 Zn^{2+} 浓度为 200mg/L 的醋酸锌溶液中进行护色，90℃烫漂 1~1.5min，漂烫后立即用冷水浸泡，以防余热持续作用。

打浆：将捞出沥水的原料立即用打浆机打浆，有利于蔬菜纸成型性。

调配与均质：在蔬菜浆中加增稠剂和调味料，用均质机均质；增稠剂添加量太少，脆但易碎，添加过量，口感不脆而且粘牙；以黄原胶为增稠剂，用量为 0.4%时成纸效果最佳，或者以海藻酸钠为增稠剂，用量为 0.6%时成纸效果最佳。

刮片与烘烤：将均质后的糊状物倒入模具中，刮成 0.2cm 薄层，送入烘箱，在 50℃下烘烤 4~5h。

八、紫背天葵其他相关加工

1. 紫背天葵净菜的加工

工艺流程：新鲜紫背天葵→分级挑选→清洗→整理→切分→保鲜→脱水→灭菌→包装→冷藏→冷链运输、销售。

2. 紫背天葵真空冷冻干燥

真空冷冻干燥保鲜技术是目前很好地保持食品色、香、味及营养成分的高新技术，其生产出来的冻干食品因其无添加防腐剂和色素，是一种无污染、纯天然、高营养的绿色食品而具有很强的竞争力。冻干紫背天葵的加工工艺简便，易操作，产品的贮藏费用和运输费用都比冷冻等其他产品低，但是其设备造价高，加工能耗大。工艺流程：新鲜紫背天葵→分选→清洗→切分→护绿→冷却→沥干→装盘→速冻→真空冷冻干燥→包装→成品→入库。

3. 紫背天葵蔬菜汁

蔬菜汁的前景非常好。据研究表明，经常饮用蔬菜汁，可增强儿童记忆力，补充儿童厌食的不足。老年人长期饮用可防止思维衰退，增强抵抗力，缓解肾、胆等方面的老年疾病。紫背天葵蔬菜汁的制作工艺流程为：新鲜紫背天葵→预处理（挑选、分级、清洗、热处理、酶处理等）→取汁或打浆→澄清、过滤→浓缩→杀菌→罐装→冷却→成品。

4. 紫背天葵果冻

果冻因其口感软滑爽脆，风味清甜滋润，同时也是一种低热能高膳食纤维的保健食品，深受妇女儿童喜爱。关于紫背天葵果冻配方工艺流程，首先是：新鲜紫背天葵→原料筛选→清洗→热烫→榨汁→过滤→菜汁（备用）；然后是：增稠剂→熬制→加糖液→加菜汁→加酸→灌装→杀菌→冷却→成品。

主要参考文献

陈剑, MANGELINCKX SVEN, 李维林, 等, 2014. 红凤菜地上部分的化学成分 [J]. 植物资源与环境学报, 23 (2): 114-116.

陈雄伟, 邵玲, 梁广坚, 等, 2013. 紫背天葵花部特征与繁育系统的研究 [J]. 园艺学报, 40 (2): 363-372.

成向荣, 舒骏, 刘佳, 等, 2014. 不同光环境对紫背天葵和白背三七生长及光合荧光特性的影响 [J]. 西北植物学报, 34 (7): 1 426-1 431.

程维舜, 蔡翔, 祝菊红, 等, 2019. 紫背天葵组织培养与快繁技术研究进展 [J]. 长江蔬菜 (24): 43-45.

崔蕊静, 毛秀杰, 蔡金星, 等, 2010. 紫背天葵酸豆奶的研制 [J]. 中国粮油学报, 25 (7): 90-95.

丁音琴, 2014. 微波消解 ICP-OES 法测定紫背天葵中矿物质元素 [J]. 微量元素与健康研究, 31 (5): 39-41.

段志芳, 麦焕铟, 2007. 紫背天葵营养成分分析及饮料的研制 [J]. 食品工业科技 (11): 162-163.

段志芳, 章炜中, 黄丽华, 2007. 紫背天葵多糖提取与含量测定 [J]. 中成药 (2): 274-276.

范淑英, 胡华金, 任福泽, 2008. NAA、IAA 对紫背天葵扦插生根的影响 [J]. 中国种业 (S1): 69-70.

冯航, 2016. 干旱胁迫对紫背天葵几种生理指标的影响 [J]. 南方农业, 10 (18): 219-221.

巩彪, 靳志勇, 刘娜, 等, 2016. 光质对紫背天葵生长、次生代谢和抗氧化胁迫的影响 [J]. 应用生态学报, 27 (11): 3 577-3 584.

韩维栋, 王秀丽, 2012. 紫背天葵的食用价值及其开发利用前景 [J]. 中国野生植物资源, 31 (5): 52-56.

韩明, 郑玉玺, 董蕾, 2018. 紫背天葵黄酮类化合物提取工艺研究 [J]. 特产研究, 40 (1): 13-16.

贺杰，2011. 对紫背天葵多糖提取工艺的研究［J］. 求医问药（下半月），9（12）：533-534.

黄伟刚，郑诗颖，叶大明，等，2012. 紫背天葵提取物对电离辐射损伤的保护作用［J］. 实用医学杂志，28（7）：1 064-1 066.

黄漫青，陈湘宁，丁坤，2004. 紫背天葵蔬菜纸加工工艺［J］. 保鲜与加工（5）：21-22.

姜丽，2010. 不同保鲜处理对紫背天葵品质和生理生化的影响及其 POD 特性研究［D］. 南京：南京农业大学.

姜丽，蒋娟，张丽，等，2014. 采后植酸处理对紫背天葵贮藏期间生理生化反应的影响（英文）［J］. 食品科学，35（2）：316-321.

姜丽，冯莉，侯田莹，等，2014. 采后纳米材料包装结合气调处理对紫背天葵贮藏品质的影响及数学模型建立（英文）［J］. 食品科学，35（16）：238-243.

姜丽，冯莉，侯田莹，等，2015. 植酸处理对冷藏期间紫背天葵品质的影响［J］. 食品工业科技，36（7）：336-341.

靳志勇，2015. 光环境对设施大蒜和紫背天葵生长发育的影响［D］. 泰安：山东农业大学.

黎彧，2005. 表面活性剂协同微波提取紫背天葵色素的研究［J］. 分析测试学报（4）：95-97.

李宇洁，田曦，王雅琳，等，2018. 几种"观食两用"保健蔬菜的室内种植方法［J］. 南方农业，12（18）：60-61.

李媛，侯可雷，2015. 特色蔬菜紫背天葵组培工厂化育苗的研究［J］. 中国农业信息（20）：68-70.

李巧云，洪小谷，2013. 紫背天葵总黄酮分离纯化工艺的研究［J］. 食品研究与开发，34（12）：30-33.

李继承，郑明福，罗赫荣，等，2004. 保健蔬菜紫背天葵主要特征特性与栽培技术［J］. 湖南农业科学（5）：28-29.

李素清，秦文，2005. 紫背天葵综合开发利用现状［J］. 保鲜与加工（5）：46-47.

李素清，秦文，2005. 紫背天葵的保健作用及其综合开发利用现状［J］. 四川食品与发酵（2）：47-50.

李华凤，吴杰，2011. 珍稀特菜红凤菜设施无公害栽培技术［J］. 中国园艺文摘，27（10）：137-138.

李冬梅，冯凯倩，吴燕云，等，2017. 紫背天葵保健果冻加工工艺研究
[J]. 中国食物与营养，23（12）：50-53.

刘清波，黄红梅，李燕，等，2013. 紫背天葵离体培养及植株再生 [J].
农业工程，3（1）：86-88.

刘长庆，1998. 紫背天葵及其栽培技术 [J]. 中国土特产（4）：7-8.

罗思良，潘廷由，周连芳，2012. 紫背天葵水培管理技术 [J]. 现代农
业科技（5）：147-149.

罗开梅，黄轶群，张国广，等，2011. 紫背天葵提取物的抑菌活性研究
[J]. 漳州师范学院学报：自然科学版，24（4）：83-86.

吕寒，裴咏萍，李维林，等，2011. 红凤菜总黄酮清除自由基的活性
[J]. 江苏农业科学，39（6）：528-529.

吕寒，裴咏萍，李维林，等，2011. 红凤菜中黄酮类化合物的高效液相
色谱与多级质谱联用分析 [J]. 时珍国医国药，22（11）：2 582-
2 583.

吕寒，裴咏萍，李维林，2010. 红凤菜黄酮类化学成分的研究 [J]. 中
国现代应用药学，27（7）：613-614.

吕晴，秦军，陈桐，2004. 紫背天葵茎叶挥发油化学成分的研究 [J].
贵州工业大学学报：自然科学版（2）：23-25.

梁萍，陈丹，黄艳花，等，2008. 紫背天葵青枯病的初步研究 [J]. 湖
北农业科学（10）：1 168-1 170.

鲁晓翔，唐津忠，2007. 紫背天葵中总黄酮的提取及其抗氧化性研究
[J]. 食品科学（4）：145-148.

闵伶俐，唐源江，2009. 菊三七属植物研究进展 [J]. 中药材，32（8）：
1 322-1 325.

宁恩创，陈刚，吕敏，等，2007. 紫背天葵复合保健茶饮料的研制 [J].
广西轻工业（12）：3-4.

裴咏萍，李维林，张涵庆，2010. 大孔树脂对红凤菜总黄酮的吸附分离
特性研究 [J]. 时珍国医国药，21（1）：8-9.

裴咏萍，李维林，吕寒，2009. 红凤菜总黄酮提取工艺的研究 [J]. 江
苏农业科学（2）：235-236.

任冰如，申玉香，刘俊康，等，2016. 红凤菜抗氧化成分提取分离研究
[J]. 食品工业科技，37（17）：153-156.

任冰如，陈剑，吕寒，等，2016. HPLC 测定红凤菜总黄酮含量 [J]. 中

国野生植物资源，35（1）：28-30.

任冰如，吕寒，陈剑，等，2014. 红凤菜新鲜茎叶中总黄酮提取物的 LC-MS 分析 [J]. 植物资源与环境学报，23（3）：108-110.

任冰如，陈剑，吕寒，等，2014. 红凤菜总黄酮的富集方法 [J]. 江苏农业科学，42（6）：260-262.

任冰如，吕寒，陈剑，等，2014. HPLC 测定红凤菜提取物的总黄酮含量及对提取方法的评价 [J]. 食品科学，35（12）：160-164.

任冰如，李维林，吴菊兰，等，2002. 红凤菜红色素水溶液的稳定性试验 [J]. 植物资源与环境学报（3）：8-11.

任飞虹，2018. 烟草基因组稳定性研究和紫背天葵叶背红色形成机理分析 [D]. 武汉：华中农业大学.

任锦，2015. 光质和 CO_2 浓度对紫背天葵生长及其抗氧化成分合成的影响 [D]. 西安：西北工业大学.

任锦，郭双生，沈韫赜，2014. LED 光质对紫背天葵挥发油和酚类成分积累的影响 [J]. 载人航天，20（4）：386-392.

任锦，郭双生，杨成佳，等，2014. 紫背天葵在不同二氧化碳浓度和 LED 光质条件下的抗氧化应激能力研究 [J]. 航天医学与医学工程，27（2）：122-128.

阮尚全，袁玥，汪建红，等，2010. 紫背天葵中矿质元素分布及其与土壤元素含量的相关性研究 [J]. 安徽农业科学，38（9）：4 723-4 724.

邵考珍，何淑莹，2016. HPLC 法测定紫背天葵中矢车菊素-3-O-葡萄糖苷含量的研究 [J]. 新中医，48（12）：204-206.

邵考珍，何淑莹，2016. 紫背天葵的高效液相色谱法指纹图谱分析 [J]. 中国药物经济学，11（11）：17-21.

施衡乐，吴伟杰，郜海燕，等，2018. 短波紫外线处理对紫背天葵采后贮藏品质的影响 [J]. 核农学报，32（7）：1 377-1 383.

宋德勋，杨贵秋，张学愈，等，2007. 紫背天葵生长发育各器官相关性研究 [J]. 时珍国医国药（7）：1 641-1 642.

宋德勋，张学愈，陈智忠，等，2005. 紫背天葵的土壤及肥料试验 [J]. 时珍国医国药（5）：448-449.

宋德勋，张学愈，陈智忠，等，2005. 紫背天葵规范化栽培标准操作规程 [J]. 中国野生植物资源（3）：54-58.

施衡乐，郜海燕，韩延超，等，2019. 紫背天葵茶饮料的研制 [J]. 食品工业科技，40（7）：172-177.

苏洋，刘璐冰，蔡欣哲，等，2018. 紫背天葵丛枝菌根真菌多样性研究 [J]. 林业与环境科学，34（6）：8-14.

谭雄斯，周本宏，唐铁鑫，2011. 紫背天葵泡腾片制备工艺优选 [J]. 中国实验方剂学杂志，17（13）：53-55.

谭小蓉，方应权，2014. 响应面分析优选紫背天葵紫色素提取工艺 [J]. 食品研究与开发，35（14）：40-43.

万莉芳，万钟，黄平，等，2016. 紫背天葵解毒颗粒质量标准研究 [J]. 黑龙江中医药，45（1）：62-63.

王红珊，曹毅敏，李国豪，等，2012. 紫背天葵提取物对糖尿病肾病大鼠的作用 [J]. 中国生化药物杂志，33（3）：272-274.

王红珊，曹毅敏，汤美玲，等，2012. 紫背天葵提取物降血脂及抗凝实验研究 [J]. 今日药学，22（1）：25-26.

王海涛，2014. 三叶青根结线虫鉴定及紫背天葵对南方根结线虫的抗性机制研究 [D]. 杭州：浙江大学.

王彦平，杨庆莹，汤高奇，等，2017. 紫背天葵营养成分、保健功能及开发利用研究进展 [J]. 食品研究与开发，38（13）：213-216.

汪洪江，李维林，任冰如，等，2007. 红凤菜扦插繁殖技术研究 [J]. 中国野生植物资源（5）：66-69.

王建，黄愉光，肖丽红，2010. 紫背天葵栽培管理技术 [J]. 广东农业科学，37（6）：84.

汪李平，杨静，2018. 大棚紫背天葵栽培技术 [J]. 长江蔬菜（2）：16-19.

王振龙，王廷辉，张黎明，2002. NAA、IBA、IAA 三种激素对紫背天葵插条生根的影响 [J]. 辽宁农业职业技术学院学报（2）：12-13.

魏玉凤，梁冠璧，孙景波，2010. 紫背天葵猪胰腺汤对小鼠实验性糖尿病的防治作用 [J]. 时珍国医国药，21（12）：3 192-3 193.

文意纯，2009. 遮阳、施肥对紫背天葵生长的影响及其繁殖方式的研究 [D]. 长沙：湖南农业大学.

吴菊兰，李维林，汪洪江，等，2009. 红凤菜和白子菜总黄酮含量的动态变化 [J]. 植物资源与环境学报，18（4）：79-81.

吴天姣，党江波，梁国鲁，2013. 白凤菜和红凤菜的核型分析 [J]. 西南师范大学学报：自然科学版，38（12）：67-69.

尤宏争，钟文慧，李灏，等，2012. 水培紫背天葵、白凤菜对氮磷吸收试验研究 [J]. 天津水产（2）：17-21.

许旋，卢忠，罗一帆，2000. 不同等级紫背天葵微量元素含量的测定 [J]. 广东微量元素科学（4）：55-57.

杨海贵，李红缨，植中强，等，1999. 紫背天葵固体饮料的研制 [J]. 广州化工（4）：54-55.

杨蓉，梁冰，李延芳，等，2007. 紫背天葵中总生物碱含量测定方法的研究 [J]. 四川化工（3）：31-34.

杨秀娟，赵晓燕，马越，等，2005. 红凤菜中活性物质的提取及对超氧阴离子自由基的清除作用 [J]. 食品科学（11）：58-61.

杨小霞，巫培豪，曹中，等，2018. 紫背天葵提取物对食品中常见腐败菌的抑制效果研究 [J]. 食品安全导刊（27）：92-93.

杨小霞，巫培豪，谢俊刚，等，2018. 紫背天葵挥发油对罗非鱼无乳链球菌的抑制活性研究 [J]. 江西水产科技（4）：11-12.

许昕，2017. 紫背天葵铜/锌超氧化物歧化酶基因克隆和采后处理对其表达的影响 [D]. 南京：南京农业大学.

徐淑丽，2018. 紫背天葵花青素的分子修饰及其生理活性研究 [D]. 福州：福州大学.

余小平，2011. 紫背天葵提取物降血糖作用的实验研究 [J]. 中华中医药学刊，29（7）：1 652-1 654.

叶琪明，杜新法，2000. 紫背天葵主要病虫害发生规律及其综合防治技术 [J]. 蔬菜（8）：22-23.

叶希，刘燕，李雨春，2009. 紫背天葵管道深液流水培技术 [J]. 广东农业科学（7）：50-51.

臧正文，彭玉娇，2011. 超临界流体 CO_2 萃取紫背天葵红色素工艺初探 [J]. 饮料工业，14（11）：18-21.

曾长立，2010. NAA 对紫背天葵水培扦插枝生根及萌蘖的影响 [J]. 江汉大学学报：自然科学版，38（3）：102-105.

张红梅，陈新，顾和平，等，2012. 3 种野菜的保健功能及栽培技术 [J]. 江苏农业科学，40（1）：155-156.

张菊平，张兴志，肖涛，2003. 紫背天葵的营养保健作用 [J]. 蔬菜（2）：41-42.

张林和，屠春燕，于文涛，等，2004. 紫背天葵中营养成分及总黄酮分析 [J]. 氨基酸和生物资源 (3)：3-5.

张文展，刘定荣，马金莲，等，2019. 紫背天葵的研究进展及其在航天食品上的应用 [J]. 食品工业，40 (4)：260-262.

张少平，洪建基，邱珊莲，等，2016. 紫背天葵高通量转录组测序分析 [J]. 园艺学报，43 (5)：935-946.

张少平，赖正锋，练冬梅，等，2018. 紫背天葵 MBW 相关调控因子转录组测序分析 [J]. 热带亚热带植物学报，26 (2)：125-132.

张少平，赖正锋，吴水金，等，2010. 漳台蔬菜合作成效及展望 [J]. 中国蔬菜 (1)：8-10.

张少平，赖正锋，吴水金，等，2013-11-20. 紫背天葵水溶液在甘蔗汁中的应用：中国，ZL 2013 1 0357590.9 [P].

张少平，赖正锋，吴水金，等，2009. 野菜资源的开发利用与研究 [J]. 中国园艺文摘 (3)：12-14.

张少平，赖正锋，吴水金，等，2011. 福建省现代农业产业现状及发展对策 [J]. 现代农业科技 (24)：346-347.

张少平，赖正锋，吴水金，等，2012. 紫背天葵越夏高产栽培研究 [J]. 中国园艺文摘，28 (12)：34-35.

张少平，赖正锋，吴水金，等，2014. 药食同源植物紫背天葵研究现状与展望 [J]. 中国农学通报，30 (4)：58-61.

张少平，邱珊莲，邓源，等，2015. 紫背天葵花青素相关研究与应用 [J]. 中国农学通报，31 (22)：157-162.

张少平，邱珊莲，张帅，等，2016-11-09. 一种天然植物源复合茶饮料及其制备方法：中国，201610984360 [P].

张少平，邱珊莲，张帅，等，2019. 紫背天葵叶片中花青素种类及合成调控基因转录组分析 [J]. 西北植物学报，39 (5)：808-816.

张少平，邱珊莲，张帅，等，2019. 紫背天葵及其近缘种白子菜花青素合成相关基因分析 [J]. 福建农业学报，34 (5)：516-524.

张少平，邱珊莲，郑开斌，等，2018-06-05. 一种紫背天葵叶片中花青素纯品的获取方法：中国，201711440827.4 [P].

张少平，邱珊莲，郑开斌，等，2015-09-01. 一种紫背天葵中两种天然色素的提取利用方法：中国，201510549828.7 [P].

张少平，张少华，邱珊莲，等，2018. 基于转录组测序的紫背天葵花青

素相关基因分析 [J]. 核农学报, 32 (4): 639-645.

张少平, 张帅, 郑开斌, 等, 2017. 紫背天葵种苗组培快繁技术 [J]. 福建农业科技 (9): 32-33.

张少平, 郑开斌, 洪佳敏, 等, 2019. 紫背天葵叶和花中花青素合成相关转录组基因分析 [J]. 西北植物学报, 39 (9): 1 551-1 558.

张帅, 张少平, 洪佳敏, 等, 2019. 不同热水浸提条件对红凤菜花色苷提取物品质的影响 [J]. 农产品加工 (4): 37-39.

张帅, 张少平, 林宝妹, 等, 2018. 红凤菜花色苷提取物的热降解动力学与抗氧化活性研究 [J]. 中国食品添加剂 (12): 128-135.

张帅, 张少平, 郑云云, 等, 2017. 红凤菜花色苷三种提取方法的工艺优化和比较 [J]. 食品工业科技, 38 (12): 270-276.

赵志远, 王萍, 周争明, 等, 2014. 紫背天葵、白子菜工厂化育苗技术 [J]. 长江蔬菜 (23): 21-23.

庄莹莹, 彭妙会, 李雁群, 2012. 红凤菜紫色素提取和分离 [J]. 食品工业科技, 33 (13): 288-290.

卓敏, 吕寒, 任冰如, 等, 2008. 红凤菜化学成分研究 [J]. 中草药 (1): 30-32.

钟锐章, 王桂桃, 钟兴华, 等, 2012. 紫背天葵水煎剂对家兔动脉血压的影响 [J]. 中国医药指南, 10 (32): 454-455.

钟晓斌, 池菊英, 林巧玉, 等, 2003. 紫背天葵深液流无土栽培技术 [J]. 蔬菜 (3): 5-6.

Ahmad N K A, Fauzi N M, Buang F, et al, 2019. *Gynura procumbens* Standardised Extract Reduces Cholesterol Levels and Modulates Oxidative Status in Postmenopausal Rats Fed with Cholesterol Diet Enriched with Repeatedly Heated Palm Oil [M]. *Evid Based Complement Alternat Med.*

Ashraf K, Halim H, Lim S M, et al, 2019. *In vitro* antioxidant, antimicrobial and antiproliferative studies of four different extracts of *Orthosiphon stamineus*, *Gynura procumbens* and *Ficus deltoidea* [J]. *Saudi J Biol Sci*, 27 (1): 417-432.

Han T, Li M, Li J, et al, 2019. Comparison of chloroplast genomes of *Gynura* species: sequence variation, genome rearrangement and divergence studies [J]. *BMC Genomics*, 20 (1): 791.

Krishnan V, Ahmad S, Mahmood M, 2015. Antioxidant Potential in

Different Parts and Callus of *Gynura procumbens* and Different Parts of *Gynura bicolor* [M]. *Biomed Res Int*.

Liu W, Yu Y, Yang R, et al, 2010. Optimization of total flavonoid compound extraction from *Gynura medica* leaf using response surface methodology and chemical composition analysis [J]. *Int J Mol Sci*, 11 (11): 4 750-4 763.

Rozano L, Abdullah Zawawi M R, Ahmad M A, et al, 2017. Computational Analysis of *Gynura bicolor* Bioactive Compounds as Dipeptidyl Peptidase-IV Inhibitor [M]. *Adv Bioinformatics*.

Schramm S, Köhler N, Rozhon W, 2019. Pyrrolizidine Alkaloids: Biosynthesis, Biological Activities and Occurrence in Crop Plants [J]. *Molecules*, 24 (3): 498.

Tan H L, Chan K G, Pusparajah P, et al, 2016. *Gynura procumbens*: An Overviewof the Biological Activities [J]. *Front Pharmacol*, 7: 52.

Teoh W Y, Sim K S, Moses R J S, et al, 2013. Antioxidant Capacity, Cytotoxicity, and Acute Oral Toxicity of Gynura bicolor [M]. *Evid Based Complement Alternat Med*.

Wu C C, Lii C K, Liu K L, et al, 2013. Antiinflammatory Activity of *Gynura bicolor* (Hóng Fèng Cài) Ether Extract Through Inhibits Nuclear Factor Kappa B Activation [J]. *J Tradit Complement Med*, 3 (1): 48-52.

Yang Y C, Wu W T, Mong M C, et al, 2019. *Gynura bicolor* aqueous extract attenuated H_2O_2 induced injury in PC12 cells [J]. *Biomedicine*, 9 (2): 12.